工业产品
设计手绘典型实例
（第2版）

李远生　编著

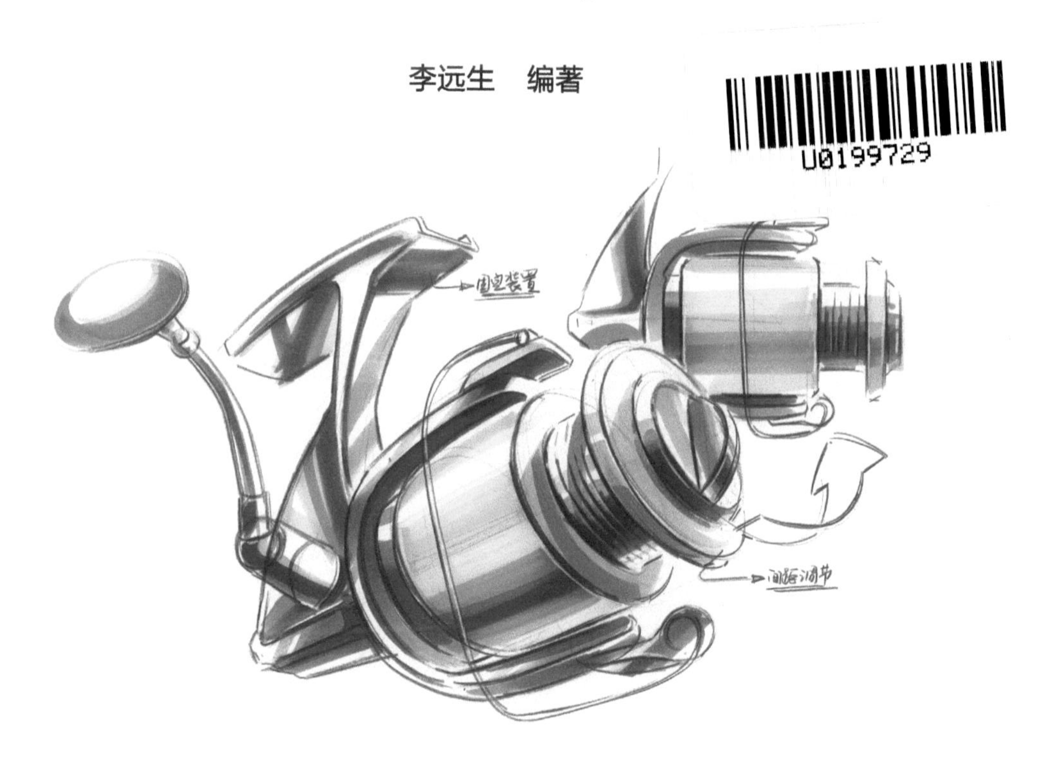

人 民 邮 电 出 版 社
北 京

图书在版编目（CIP）数据

工业产品设计手绘典型实例 / 李远生编著. -- 2版
. -- 北京 : 人民邮电出版社, 2020.1（2021.7重印）
ISBN 978-7-115-52945-9

Ⅰ. ①工… Ⅱ. ①李… Ⅲ. ①工业产品－产品设计－
绘画技法 Ⅳ. ①TB472

中国版本图书馆CIP数据核字(2019)第284721号

内 容 提 要

本书共12章，分为3个层次，对应教学的需要，第1～3章是基础部分，主要讲述线条、透视以及简单造型基础；第4～5章是提高部分，主要培养学习者对画面的整体控制能力，突出对马克笔和色粉的综合运用能力；第6～12章是实战部分，通过不同类型产品的手绘案例讲解，增强读者对手绘的理解和应用能力。

本书在内容上循序渐进，基本涵盖了所有工业设计手绘的范畴，配书提供部分案例的手绘效果图绘制演示视频及基础讲解部分的教学课件，方便读者学习使用。本书适用于工业设计专业的学生及手绘爱好者，也可以作为工业设计手绘相关专业的教材。

◆ 编　　著　李远生
　责任编辑　张丹阳
　责任印制　马振武
◆ 人民邮电出版社出版发行　　北京市丰台区成寿寺路11号
　邮编　100164　　电子邮件　315@ptpress.com.cn
　网址　http://www.ptpress.com.cn
　北京虎彩文化传播有限公司印刷
◆ 开本：880×1230　1/20
　印张：9.2
　字数：353千字　　　　2020年1月第2版
　印数：5 501－7 000册　　　　2021年7月北京第4次印刷

定价：59.00元

读者服务热线：(010)81055410　印装质量热线：(010)81055316
反盗版热线：(010)81055315
广告经营许可证：京东市监广登字20170147号

前言 Introduction

手绘效果图作为一种传统的表现技法，一直沿用至今，即使在Photoshop、Rhino、3ds Max等效果图软件日新月异的今天，它也一直保持着自己独特的优势和地位，并以其强烈的艺术感染力，向人们传递着设计师的创作理念和情感。在追求形式完美、提高艺术修养、强化设计语言的同时，设计师也越来越青睐于手绘表现。

手绘效果图是指在产品设计的过程中，通过手绘的技术手段，直观而形象地表达设计师的构思意图、设计目标的表现性绘画。手绘表现技法不仅能传递设计语言，而且它的每一根线条、每一个色块、每一个结构构成元素，还在很大程度上反映了设计师的专业素质、人文修养和审美能力。手绘技法的表现优势是快捷、简明、方便，能随时记录和表达设计师的灵感。

基于以上观念，从我国高等院校艺术设计教学的需要出发，编者结合多年实践经验，编写了这本典型实例教程。本书共12章，综合研究与系统讲述产品设计效果图表现技法的基本理论、表现基础与训练方法等，包括产品设计效果图的绘画工具、产品设计效果图表现技法的基础、产品设计效果图的案例讲解等内容。本书突出产品设计专业的应用特点，内容丰富翔实，系统示范性强，适用面广，适合产品设计相关行业的从业人员学习使用，也可作为各类院校产品设计专业的学习教材。

I-CAMP创意坊主要培养工业设计类学生的基础手绘表达能力和设计能力，有资深的师资团队以及独特的教学体系，已经培养出了大量的优秀学生和设计师。本书第12章展示了部分优秀的学生作品。

本书由李远生编著，另外，参与本书编写并提供作品的还有邓祥洪、翟雪松、温婧儿、周荣麟、曾志明、邱茹霞、甘湛文、张健、陈锦星、王依雯、温梓峰、任书豪、林娟、郑泽先、王紫静，在此表示感谢。

编　者

2019年12月

资源与支持

Resources and support

本书由数艺社出品，“数艺社”社区平台（www.shuyishe.com）为您提供后续服务。

配套资源

11个案例的手绘效果图绘制过程演示视频。

基础讲解部分的教学课件。

资源获取请扫码

“数艺社”社区平台，为艺术设计从业者提供专业的教育产品。

与我们联系

我们的联系邮箱是szys@ptpress.com.cn。如果您对本书有任何疑问或建议，请您发邮件给我们，并请在邮件标题中注明本书书名及ISBN，以便我们更高效地做出反馈。

如果您有兴趣出版图书、录制教学课程，或者参与技术审校等工作，可以发邮件给我们；有意出版图书的作者也可以到“数艺社”社区平台在线投稿（直接访问 www.shuyishe.com 即可）。如果学校、培训机构或企业想批量购买本书或数艺社出版的其他图书，也可以发邮件联系我们。

如果您在网上发现针对数艺社出品图书的各种形式的盗版行为，包括对图书全部或部分内容的非授权传播，请您将怀疑有侵权行为的链接通过邮件发给我们。您的这一举动是对作者权益的保护，也是我们持续为您提供有价值的内容的动力之源。

关于数艺社

人民邮电出版社有限公司旗下品牌“数艺社”，专注于专业艺术设计类图书出版，为艺术设计从业者提供专业的图书、U书、课程等教育产品。出版领域涉及平面、三维、影视、摄影与后期等数字艺术门类，字体设计、品牌设计、色彩设计等设计理论与应用门类，UI设计、电商设计、新媒体设计、游戏设计、交互设计、原型设计等互联网设计门类，环艺设计手绘、插画设计手绘、工业设计手绘等设计手绘门类。更多服务请访问“数艺社”社区平台www.shuyishe.com。我们将提供及时、准确、专业的学习服务。

目录 Contents

第1章 手绘工具和基础线条

第2章 透视基础

第3章 产品形体塑造

第 4 章 形体与光影的表达

第 5 章 马克笔、色粉运用技巧

第 6 章 数码电子类产品绘制范例

第 7 章 电动工具类产品绘制范例

第 8 章 家用电器类产品绘制范例

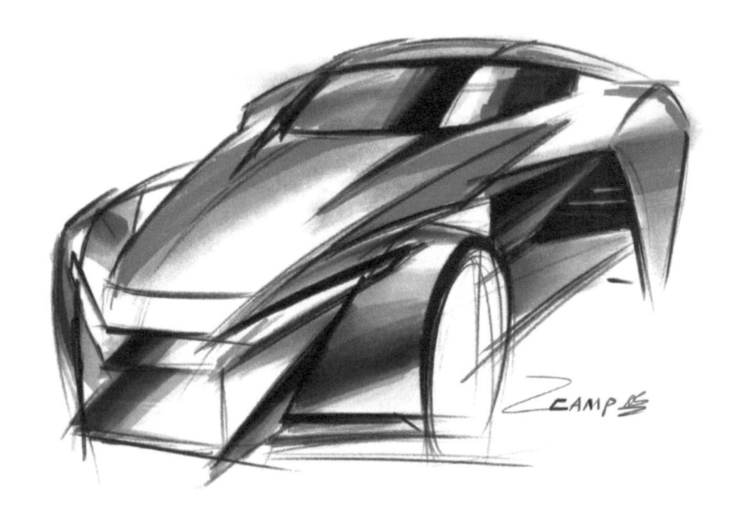

第 9 章 通信类产品绘制范例

第 10 章 生活用品类产品绘制范例

第 11 章 交通工具类绘制范例

第 12 章 学员作品欣赏

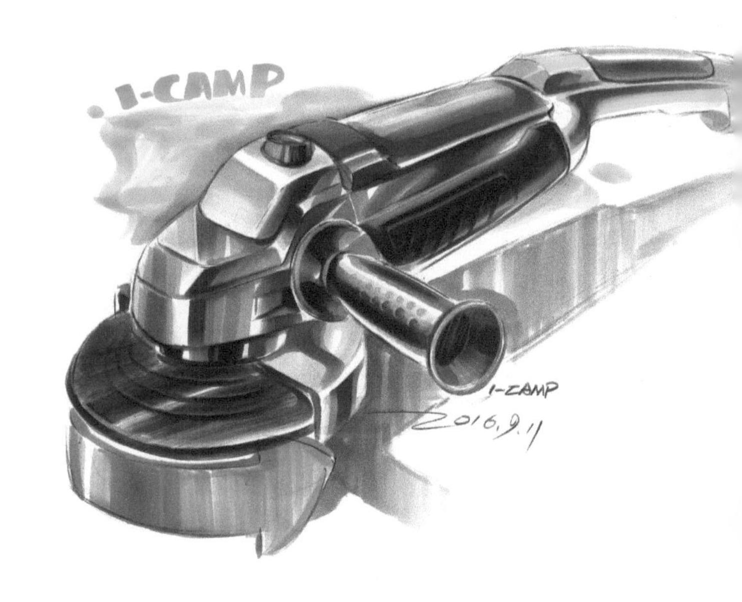

第 1 章

手绘工具和基础线条

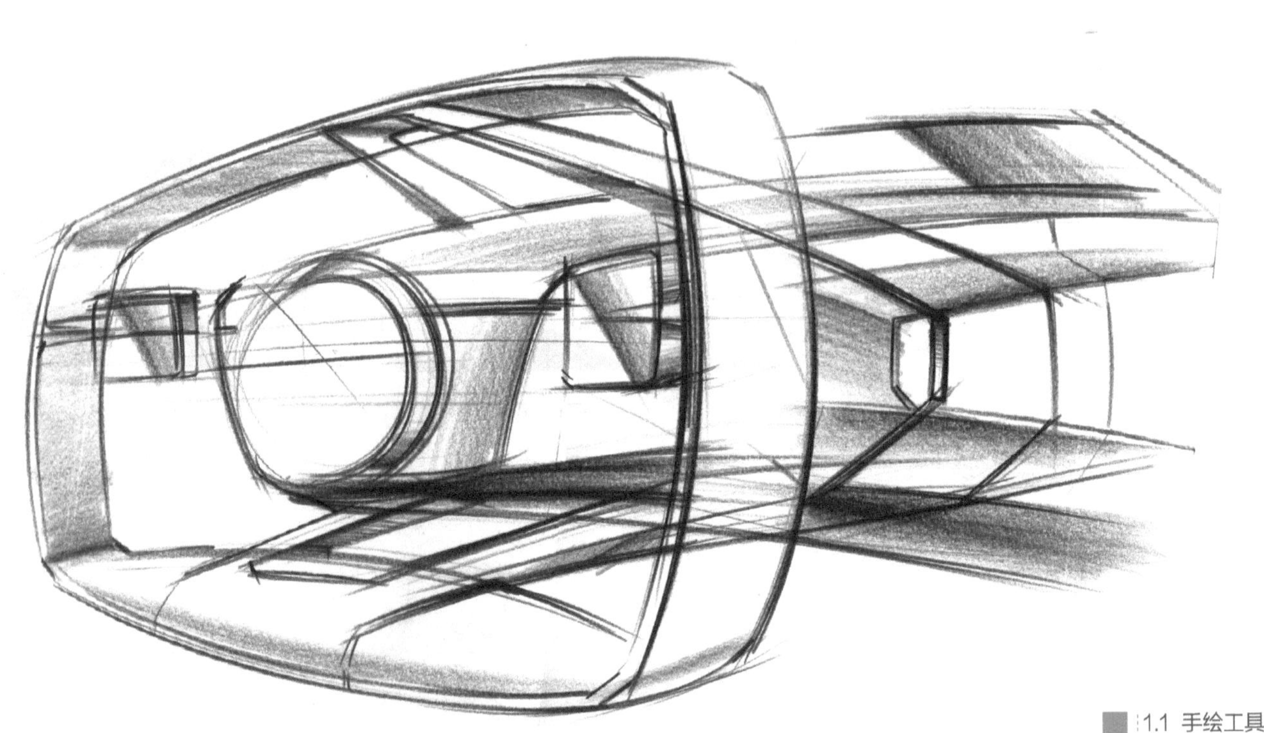

1.1 手绘工具

设计草图与效果图是产品设计中创意的基本表现形式，笔和纸是画面表达的主要媒介，任何手绘形式都离不开工具和纸张。因此，掌握如何运用工具和纸张，是画好设计草图与效果图的关键。

❶ 铅笔

一般选择辉柏嘉牌的彩色铅笔，它分为油性与水性两种。画产品手绘线稿时一般用黑色铅笔。

❷ 马克笔

马克笔又称麦克笔，通常用来快速表达设计构思，以及设计效果图。马克笔有单头和双头之分，能迅速表达效果，是常用的绘图工具之一。现阶段使用较多的是油性和酒精双头马克笔，常见的品牌有COPIC、KURECOLOR、SANFORD、STA、TOUCH、POTENTATE等。建议初学者选择FINECOLOUR、TOUCH等比较经济实惠的品牌进行练习。

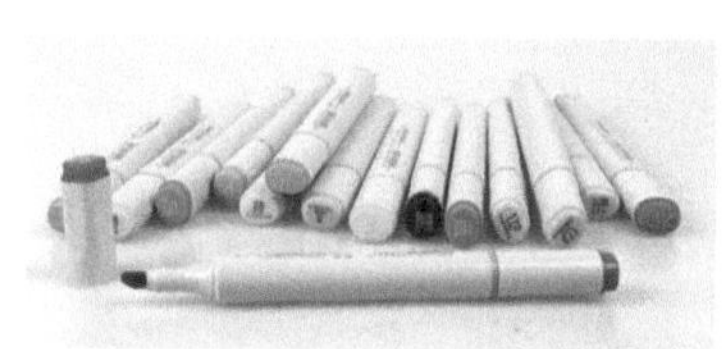

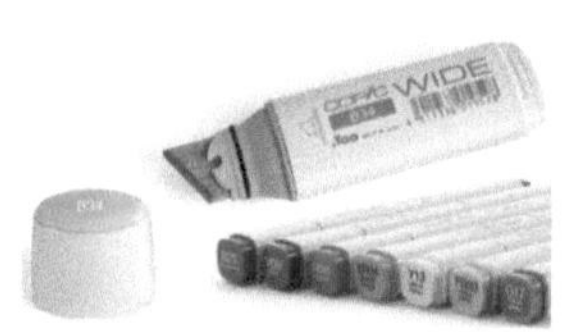

❸ 尺规

在绘制一些比较严谨的产品手绘效果图时，可以借助尺规，或者在绘制后期使用尺规矫正线条。尺规分为椭圆板、圆板和曲线板。

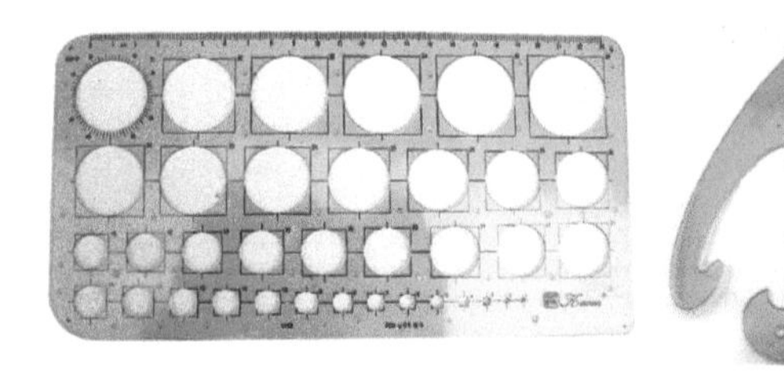

❹ 高光笔

高光笔也就是修正液，在绘制后期用来处理产品手绘的高光，其功能是增强产品的光感与质感，是一种丰富画面的工具。

❺ 色粉笔

色粉笔跟马克笔有着同样的功能，即为产品上色。但是色粉笔比马克笔上色过渡要均匀自然得多，适合用于产品曲面上色，其缺点是容易弄脏画面。

1.2 线条训练

在练习手绘初期，线条训练是最基础的训练，刻画产品的结构、透视、比例等都需要用到线条，所以线条是产品设计手绘表达中最基本的语言。

1.2.1 直线

直线是最常用的一种线，多用于草图起稿和概括结构。直线的线型一般有三种，分别是中间重两头轻、头重尾轻和头尾等重。

❶ 中间重两头轻的直线练习

在纸上随意定两个点（两点间的距离一般为7cm~10cm），然后使用笔尖迅速穿过两点。在练习过程中，笔尖可以悬空地在两点之间来回寻找直线的轨迹，找到轨迹感觉之后迅速用笔尖穿过两点，如下图所示。

中间重两头轻的直线

❷ 头重尾轻的直线练习

在纸上随意定两个点（两点间的距离一般为7cm~10cm），先将笔尖定在起点位置上，然后迅速向终点画过，笔尖即将到达终点时迅速离开纸面，如下图所示。

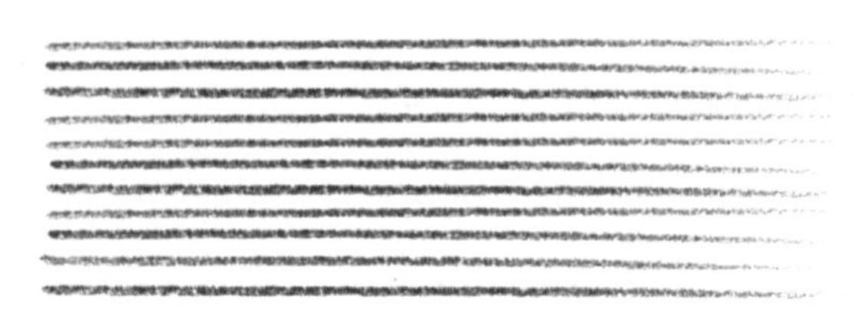

头重尾轻的直线

❸ 头尾等重的直线练习

在纸上随意定两个点（两点间的距离一般为7cm~10cm），先将笔尖定在起点位置上，然后迅速向终点画过，笔尖到达终点时停止，如右图所示。

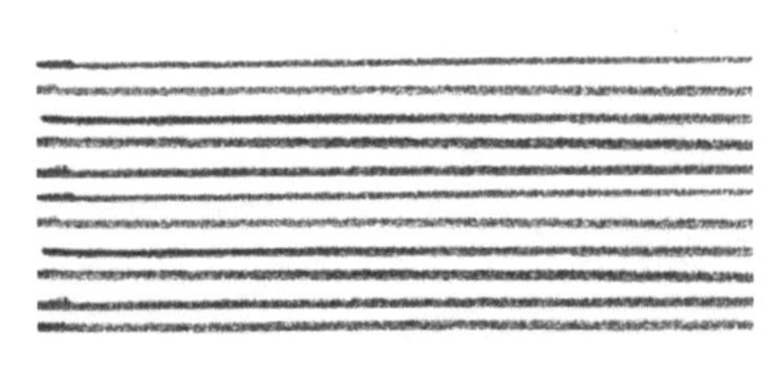

头尾等重的直线

④ 不同类型的直线的综合应用

线条具有很强的抽象性，同时有着较强的动感、质感、速度感，它由点的运动产生，定向延伸成直线。线条是绘画中最基础也是最重要的一部分，它是一种绘画语言，也体现一种绘画技能。

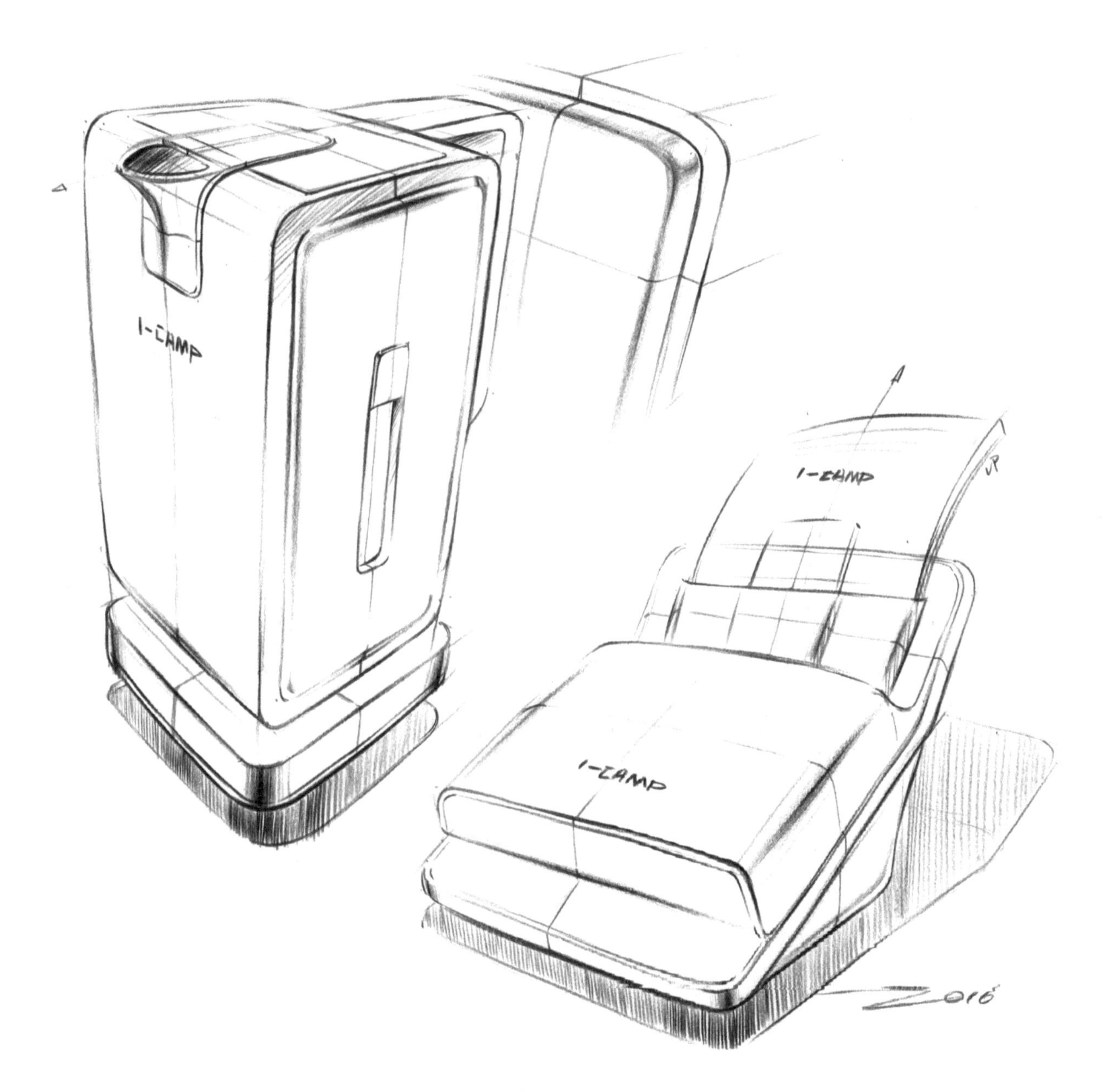

直线的综合应用

1.2.2 曲线

曲线是动点运动时方向连续变化所形成的线。在现代产品设计中，曲线被大量运用，如流线型、过渡曲面、圆角形态、圆形按钮等设计。

❶ 曲线的训练方法

曲线在线条种类当中是变化比较丰富的线条，不同程度的弧度代表着不同产品的饱满度。在练习时，手要放松，笔尽量与纸面保持垂直，笔尖可以悬空来回寻找曲线的轨迹，当感觉差不多时迅速用笔尖穿过点，如下图所示。

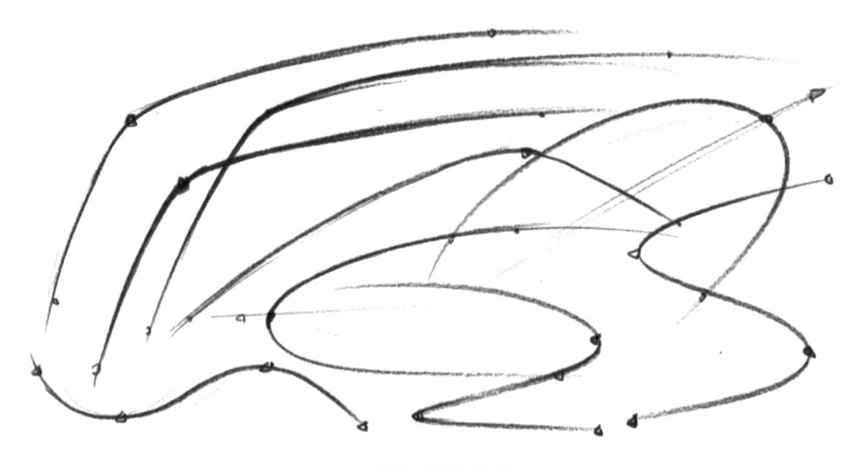

手绘中常用的曲线

曲线的练习

❷ 曲线的综合应用

利用前面练习的曲线，用流畅的曲线画一些具有曲面的产品。画之前可以先定点，然后用流畅的曲线连起来，最后把它们衔接好，注意控制好线条的轻重。

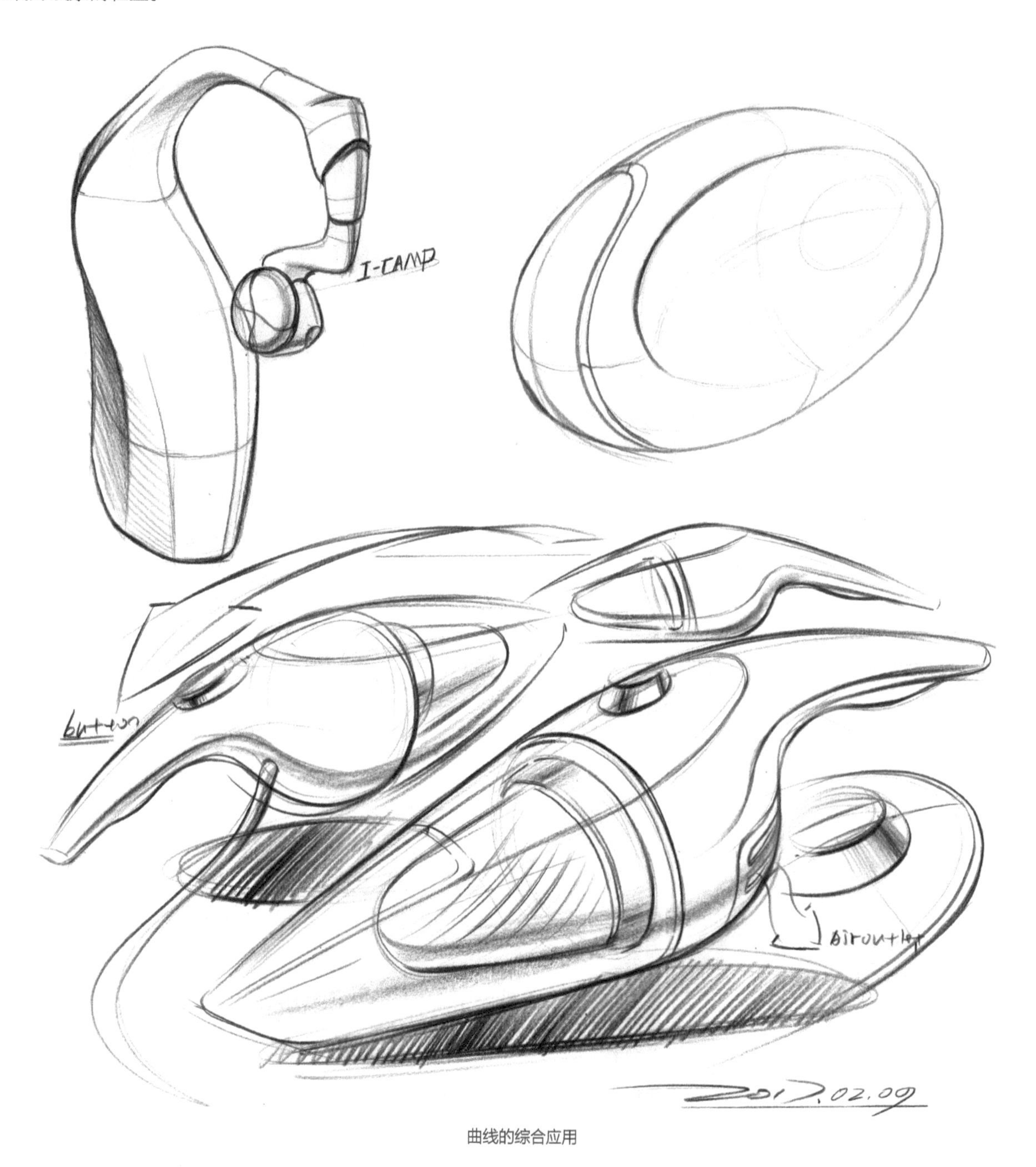

曲线的综合应用

1.2.3 圆

圆也是曲线的一种，即几何形曲线（封闭的曲线）。在产品手绘中，圆也会经常被用到，圆的练习相对较难把握，最关键的是画圆的透视，如下图所示。

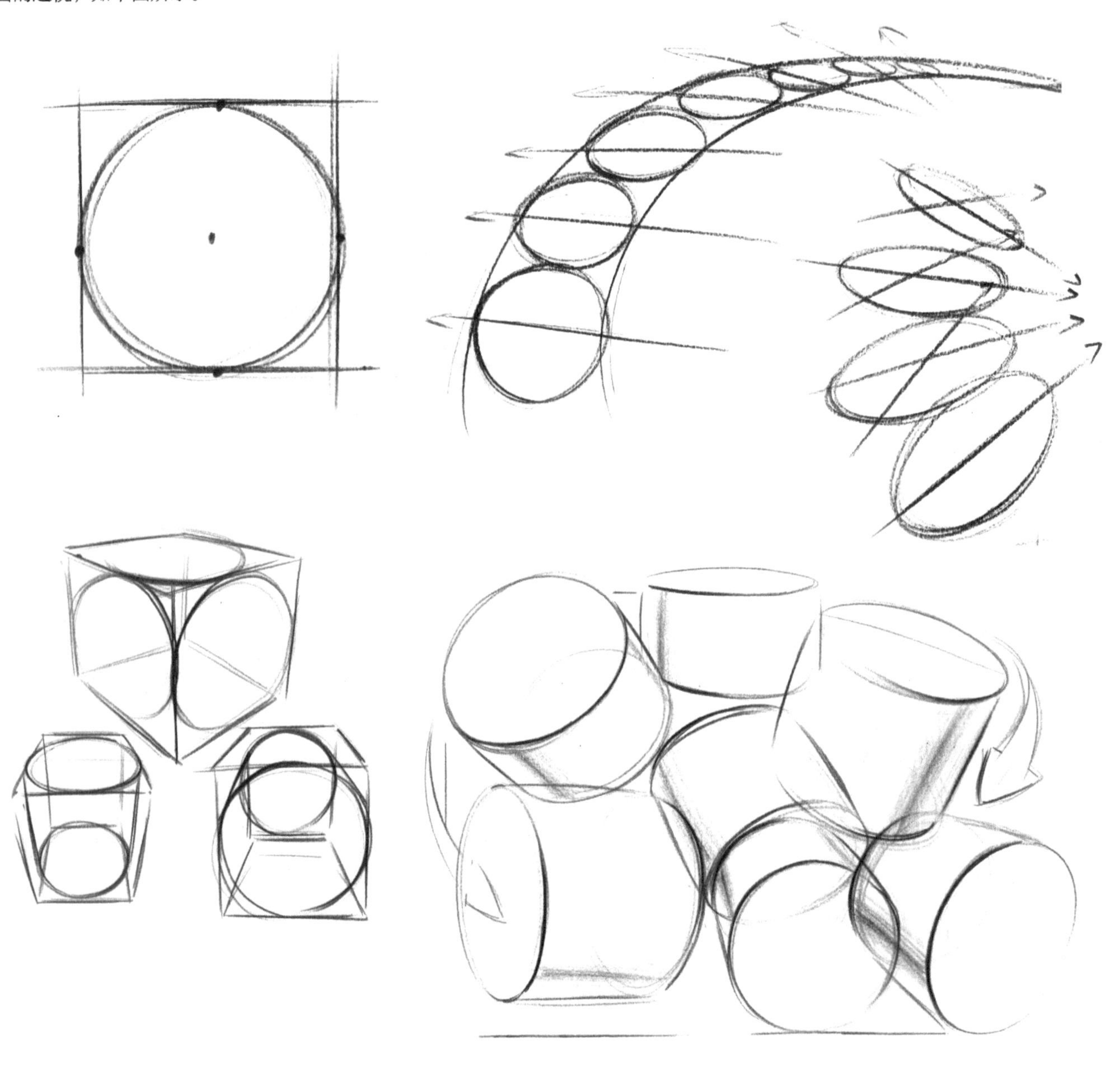

圆的练习

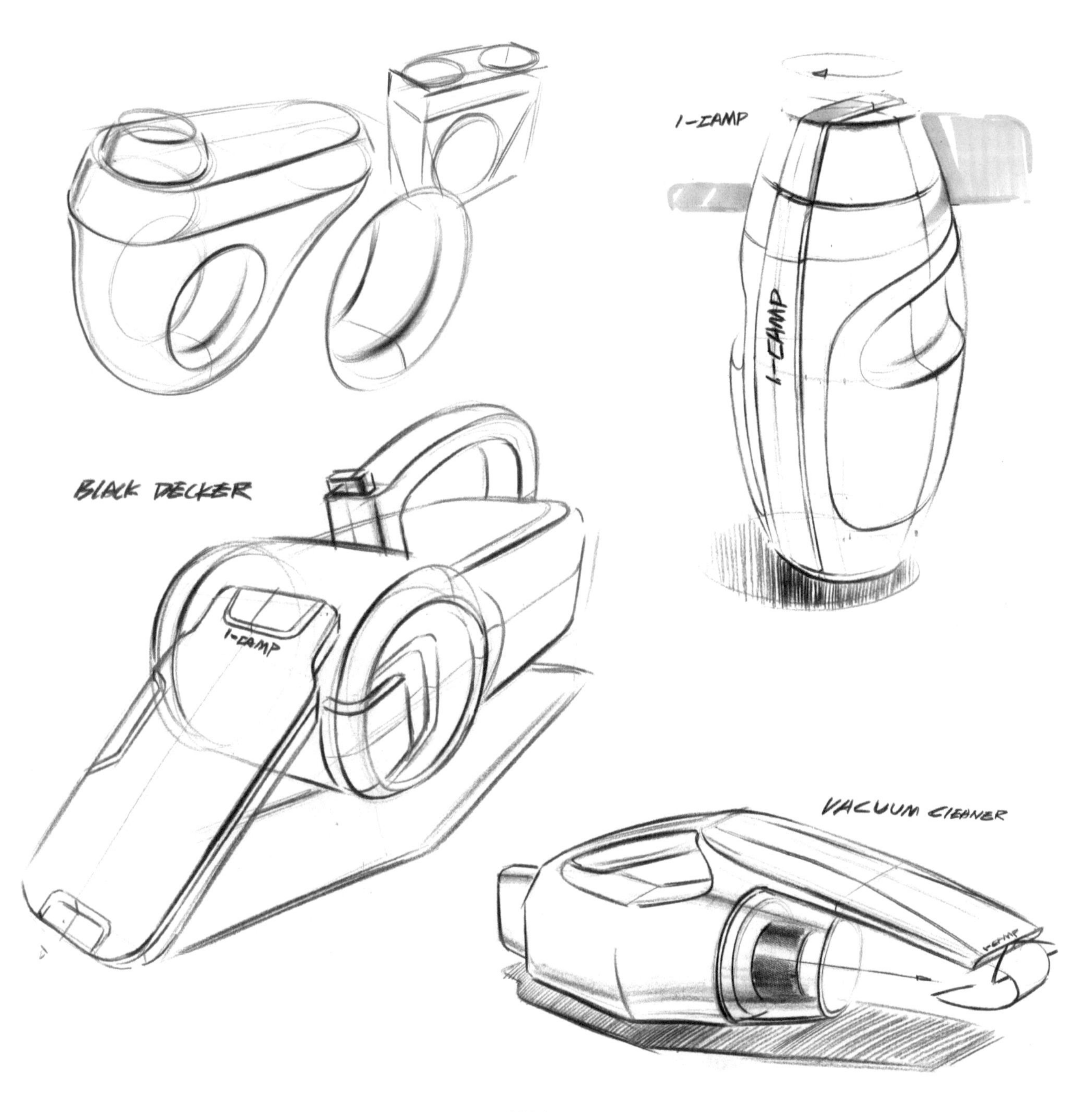

圆的应用

第2章 透视基础

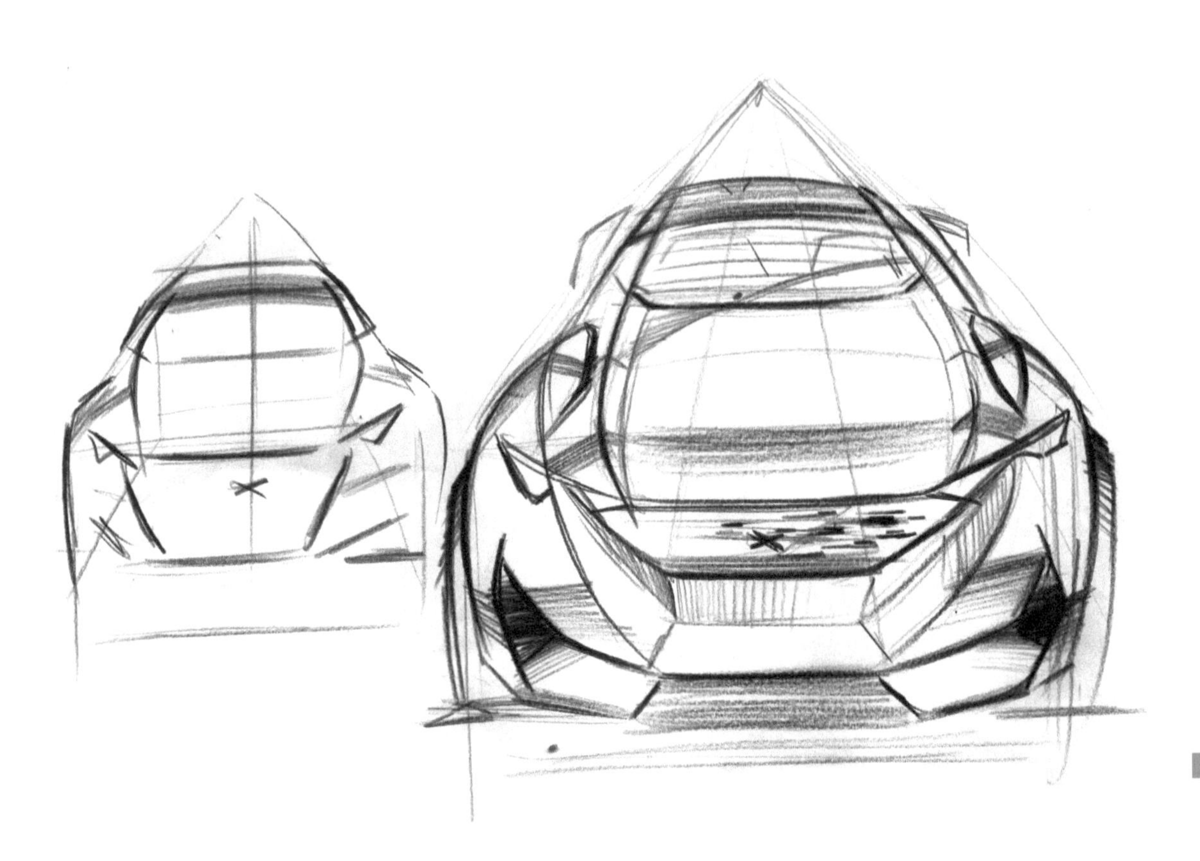

透视是人从不同角度、不同距离观看物体时的基本视觉变化现象，它所包含的主要视觉现象是近大远小。在产品绘制中，我们经常会把透视分成一点透视（平行透视）、两点透视（成角透视）和三点透视。透视在绘画中很重要，它应用时的好坏关系到整幅画的好坏，所以必须熟练掌握好透视关系。下面仅简要介绍一点透视和两点透视。

2.1 一点透视

一点透视又叫平行透视，简单的理解就是物体有一面正对着我们的眼睛，消失点只有一个。

2.1.1 一点透视画法解说

一点透视分为与纸面平行的一点透视和纵深方向消失于一点的一点透视。

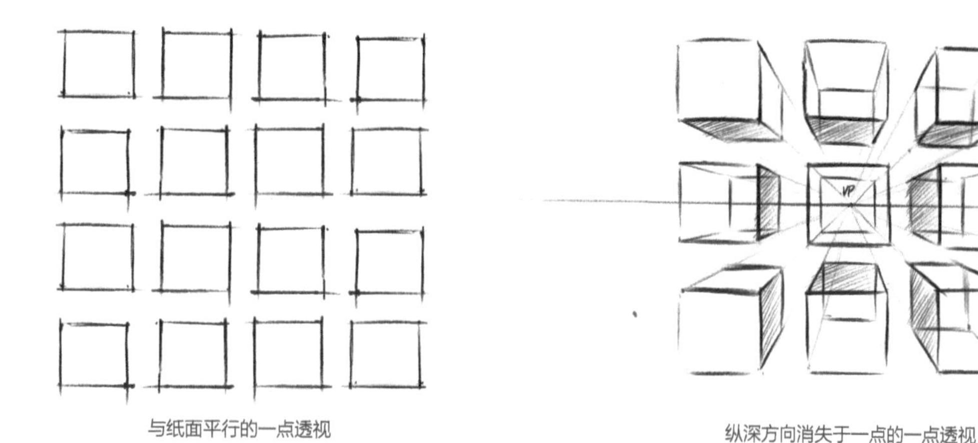

与纸面平行的一点透视　　纵深方向消失于一点的一点透视

2.1.2 一点透视作图方法与应用

一点透视的作图方法和应用如下所示。

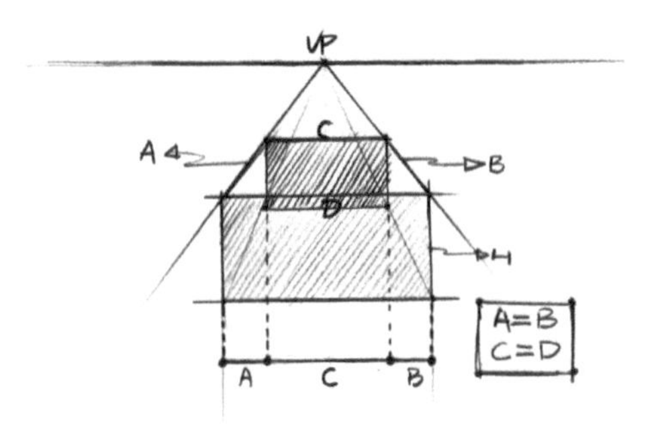

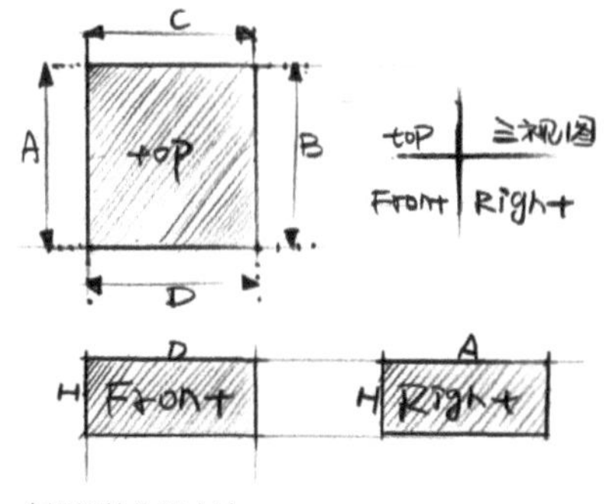

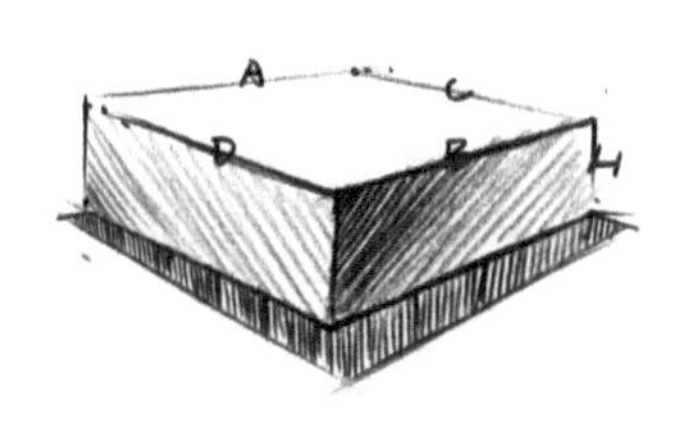

一点透视的作图方法

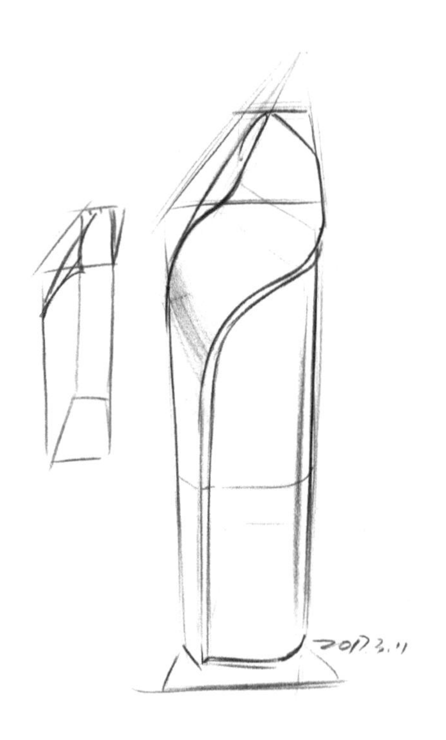

一点透视的应用1——冷风机

一点透视的应用2——吸尘器

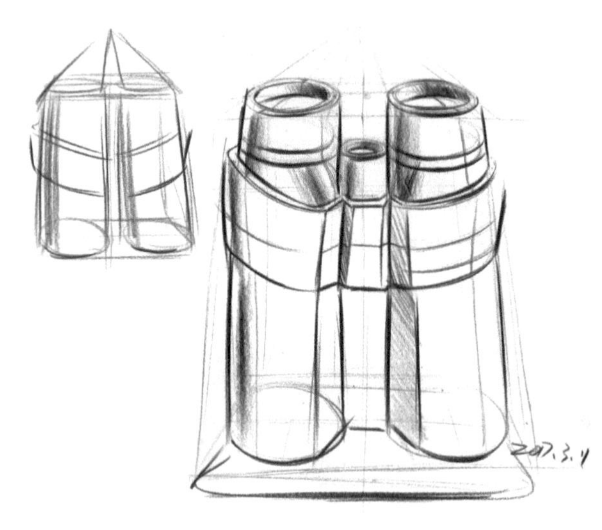

一点透视的应用3——望远镜

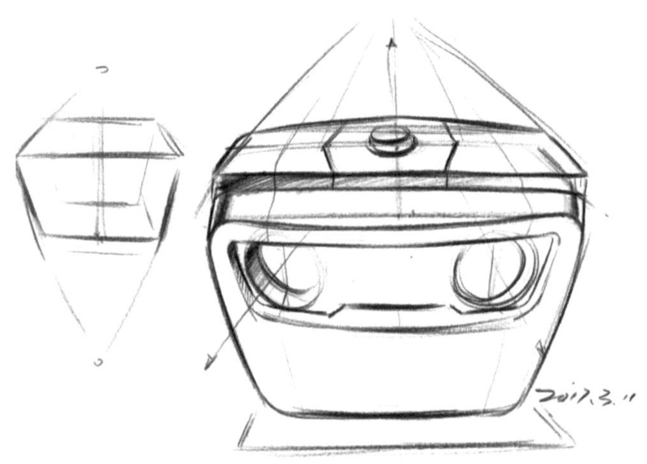

一点透视的应用4——游戏手柄

2.2 两点透视

两点透视又称为成角透视，因在透明的结构中有两个透视消失点而得名。成角透视是指观者从一个斜摆的角度，而不是从正面来观察目标物体。因此观者看到了各景物在不同空间上的面块，也看到了各面块消失在两个不同的消失点上。这两个消失点皆在水平线上。成角透视在画面上的构成是从物体最接近观者视线的边界开始的。景物会从这条边界线往两侧消失，直到变成水平线处的两个消失点。

2.2.1 两点透视画法解说

两点透视的图解如下图所示。

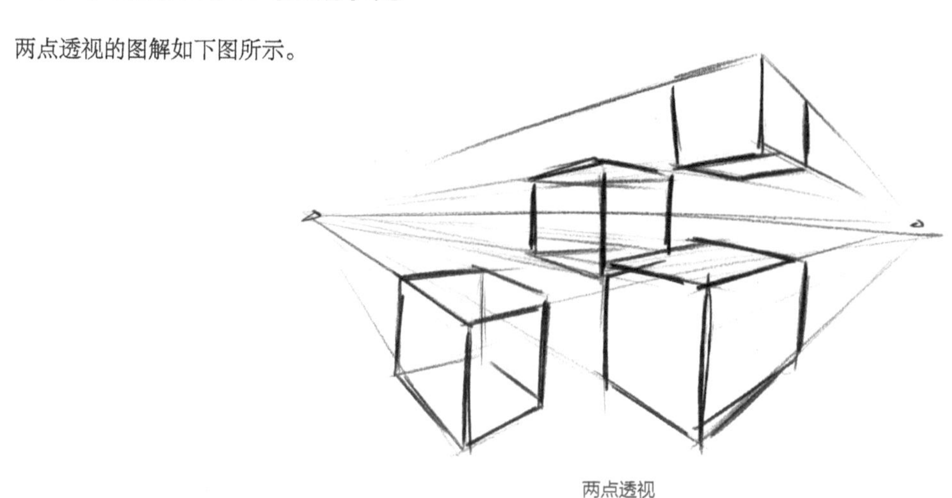

两点透视

2.2.2 两点透视作图方法与应用

如果造型能力较弱，可以在绘制前先画出大致的透视几何形体，再确定结构线条。下面是两点透视的作图方法和应用。

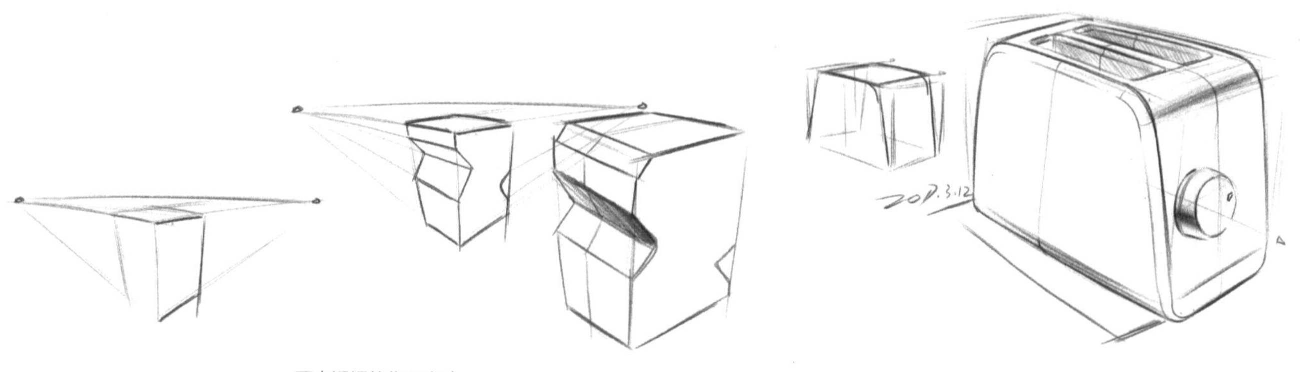

两点透视的作图方法　　两点透视的应用1

两点透视的应用2

两点透视的应用3

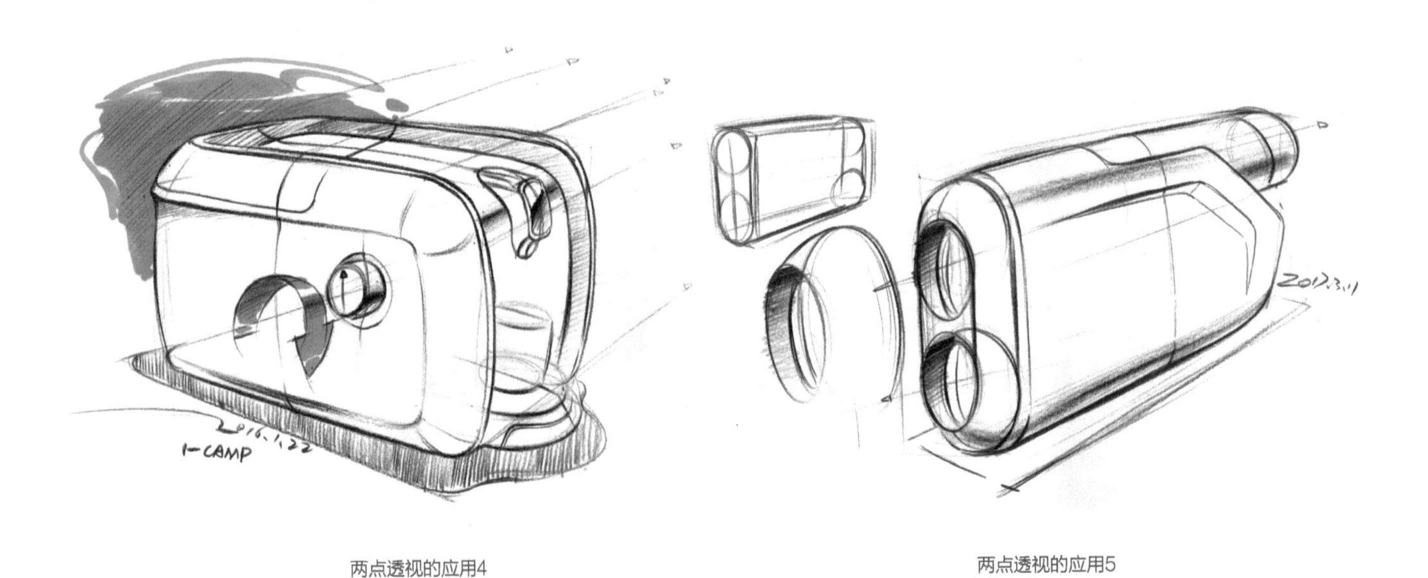

两点透视的应用4

两点透视的应用5

第 3 章

产品形体塑造

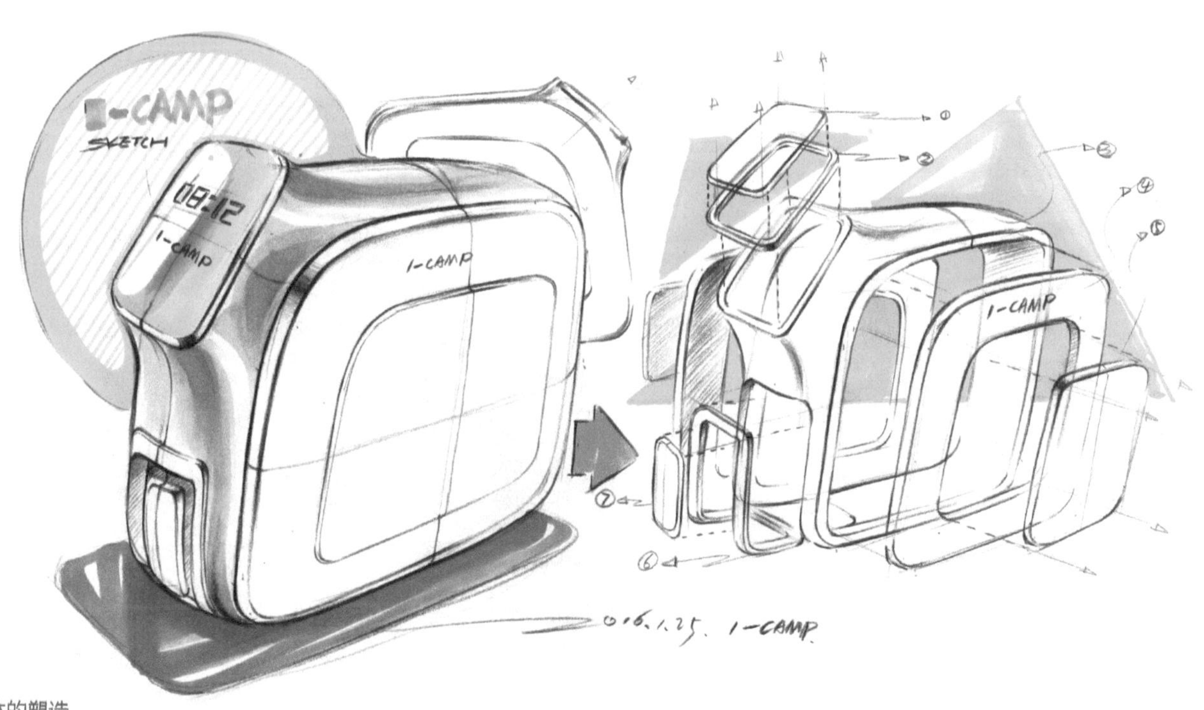

3.1 基本形体的塑造

在正常的视觉范围内，具体的形状又具有多样性，大致可归纳为圆形、椭圆形、正方形、长方形、梯形、等腰三角形、不规则三角形等，任何产品的设计都不能脱离这些基本形状去构想。恰恰是对这些形状的组合与使用，才使作品得以最终完成。然而，形状的运用是有着内在的关联性和互动性的，这种关联性和互动性往往表现在设计者对形态的组织和表现能力上。

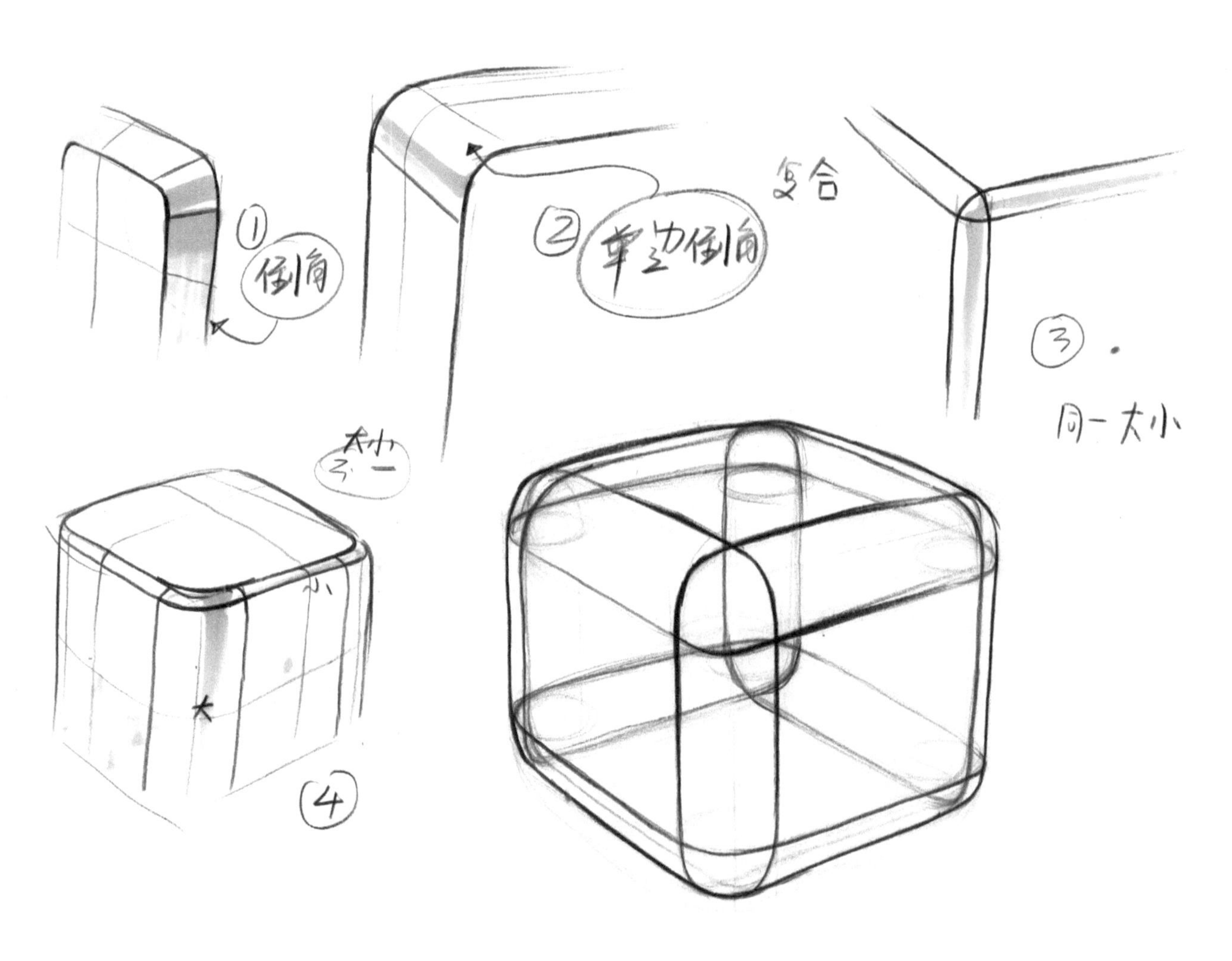

常见的圆角结构表现

3.1.1 倒角练习

在练习倒角的同时，首先要理解什么是倒角。倒角就是在90° 的棱上画一个倾斜角度为45° 的小平面，这个平面和内壁或板面之间都呈45° 。在其他情况下，不一定都是45° ，这要看产品本身的需要。

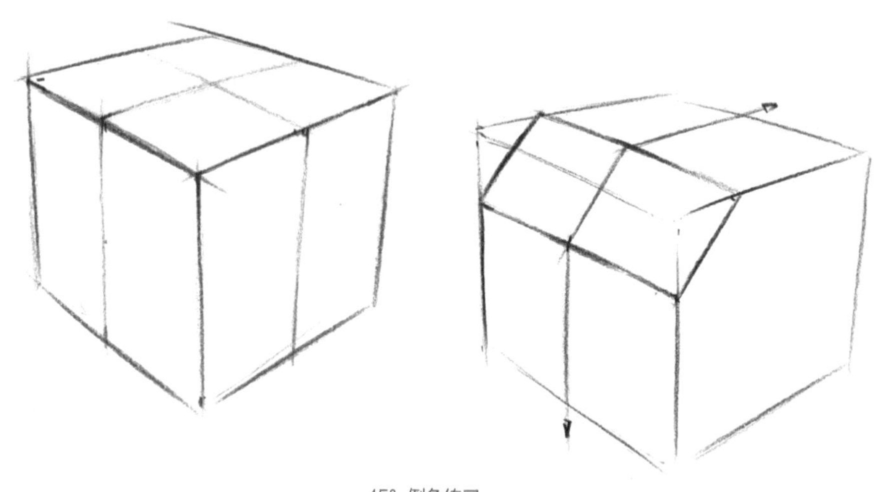

45° 倒角练习

3.1.2 圆角练习与应用

圆角是用一段与角的两边相切的圆弧替换原来的角，圆角的大小用圆弧的半径表示。

练习方法：先画一个正方体，然后定点，大小不定，将点与点连起来，接着在小正方形里画对角线，在对角线三分之一左右的位置上定点，把这三个点用曲线连接，如下图所示。

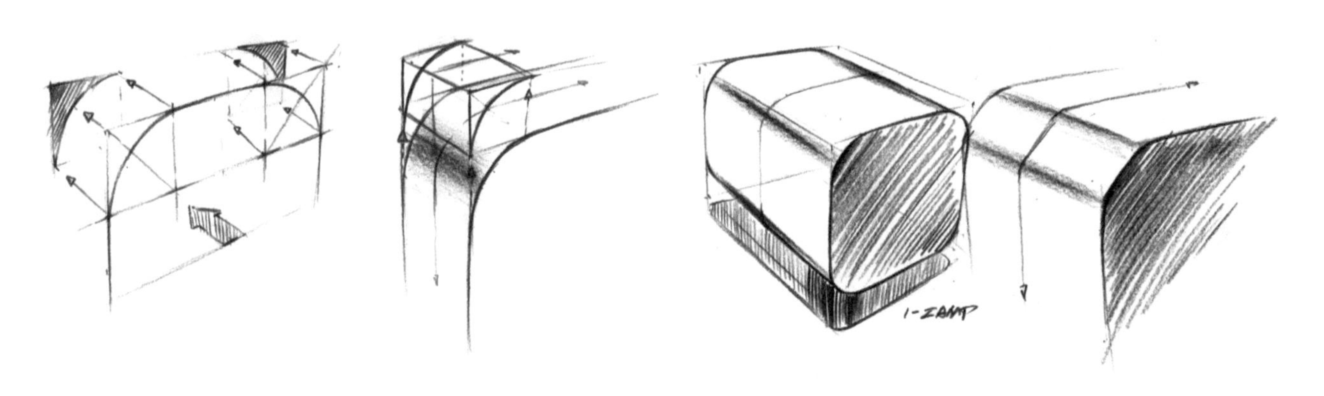

单向圆角的练习

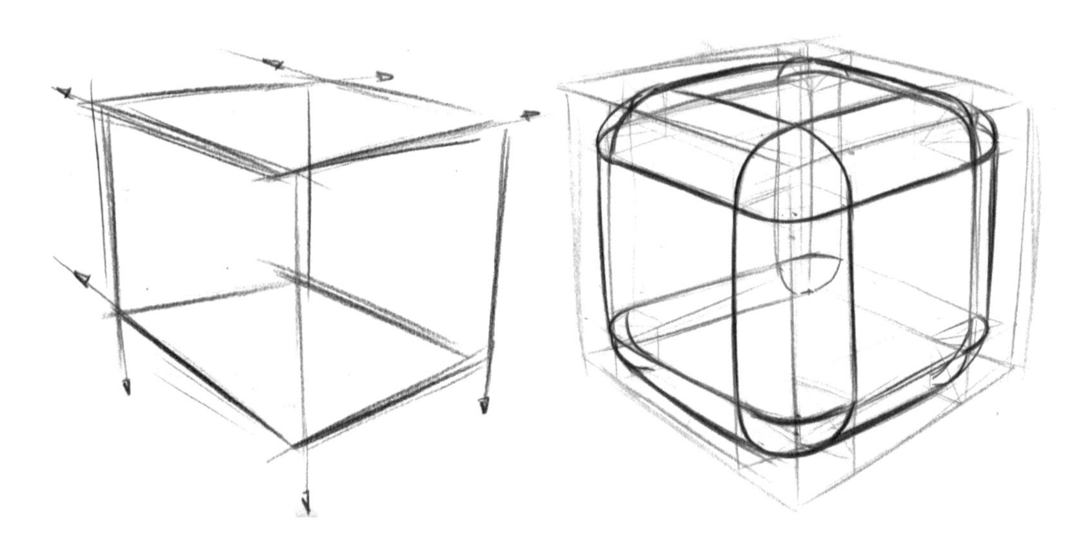

复合圆角的练习

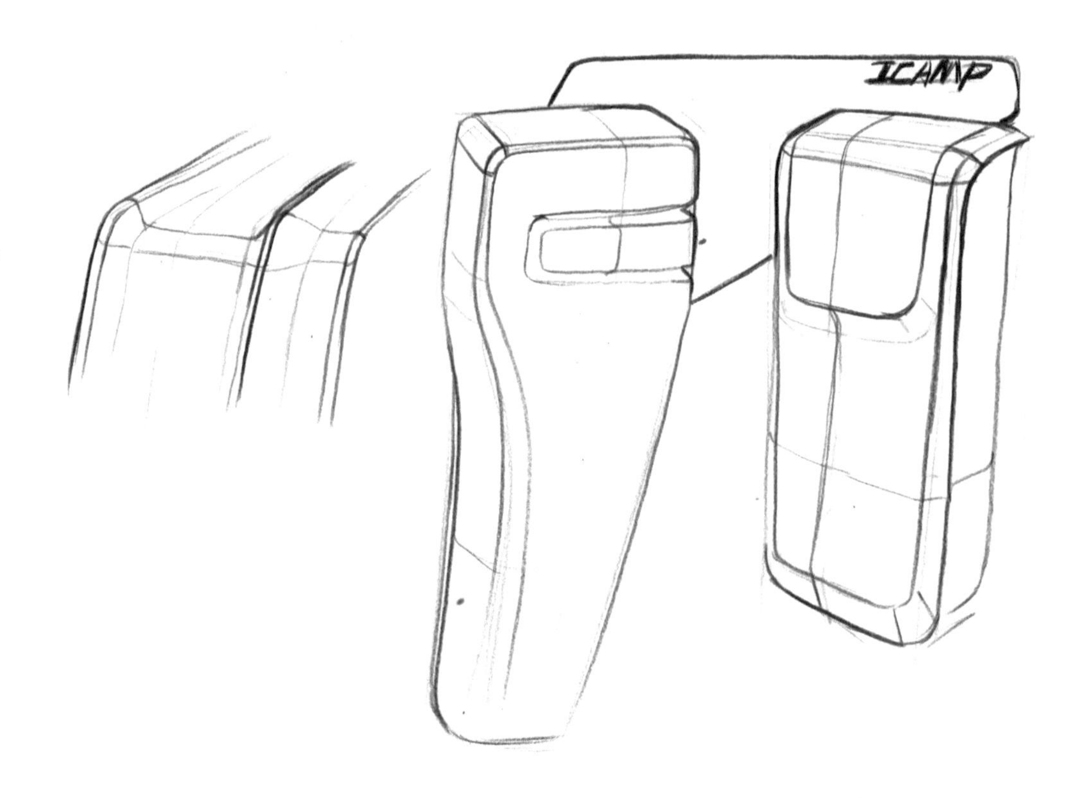

圆角的应用1

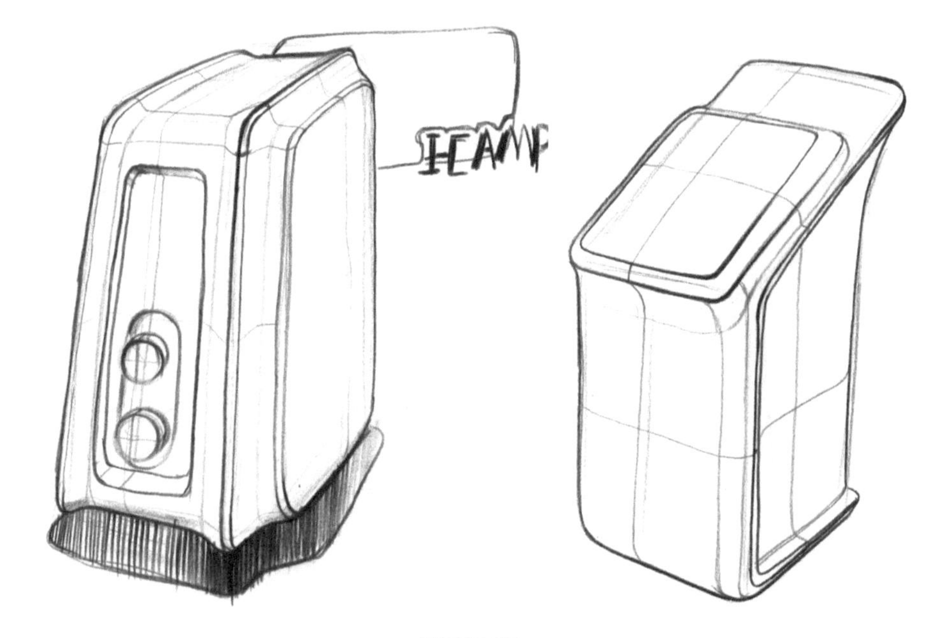

圆角的应用2

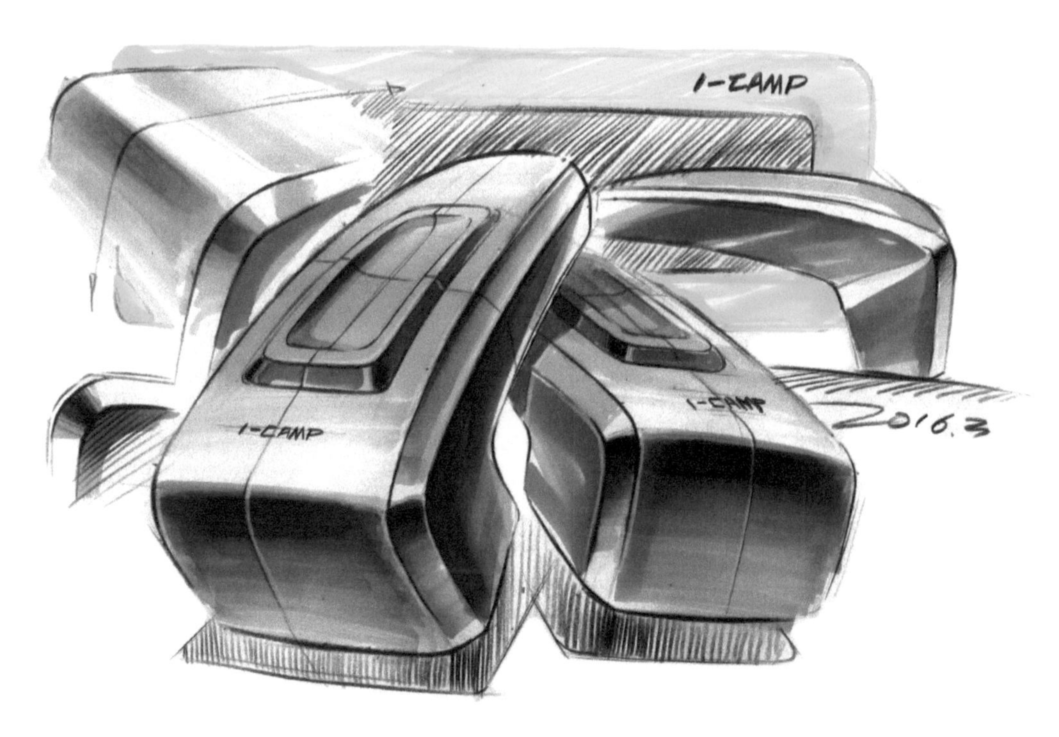

圆角的应用3

3.1.3 曲面及其应用

曲面是一种很美的形态，经常会被应用在工业产品中。在手绘表现中我们该如何去表现这种美的曲面呢？表达产品的线条时一般会分为结构转折线、轮廓线、分模线、截面线和剖面线等，我们通过这些线去表达物体的造型。

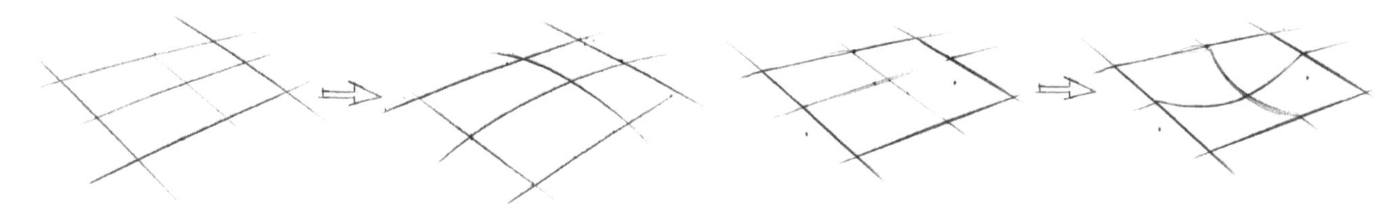

剖面线与曲面的关系

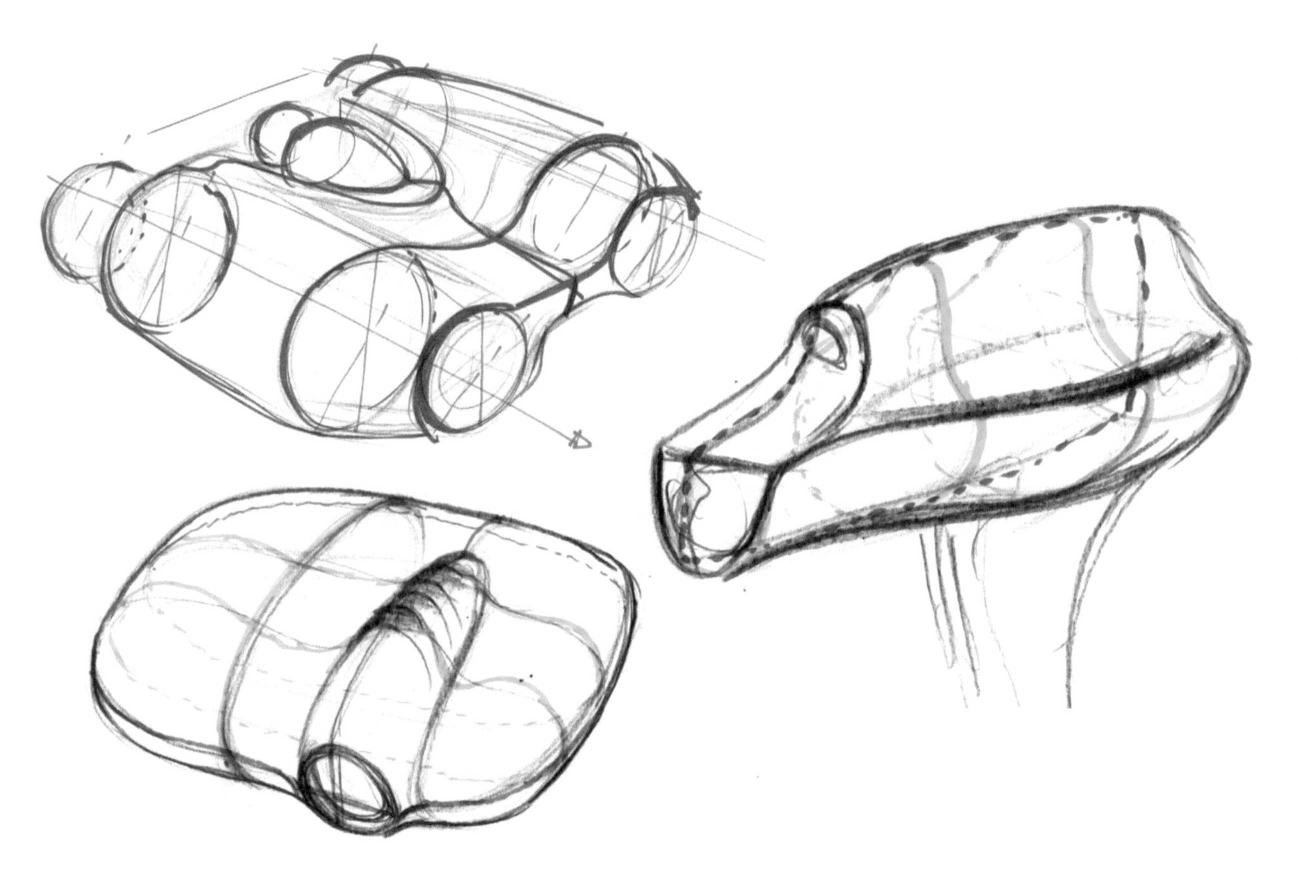

曲面的应用

曲面应用——望远镜

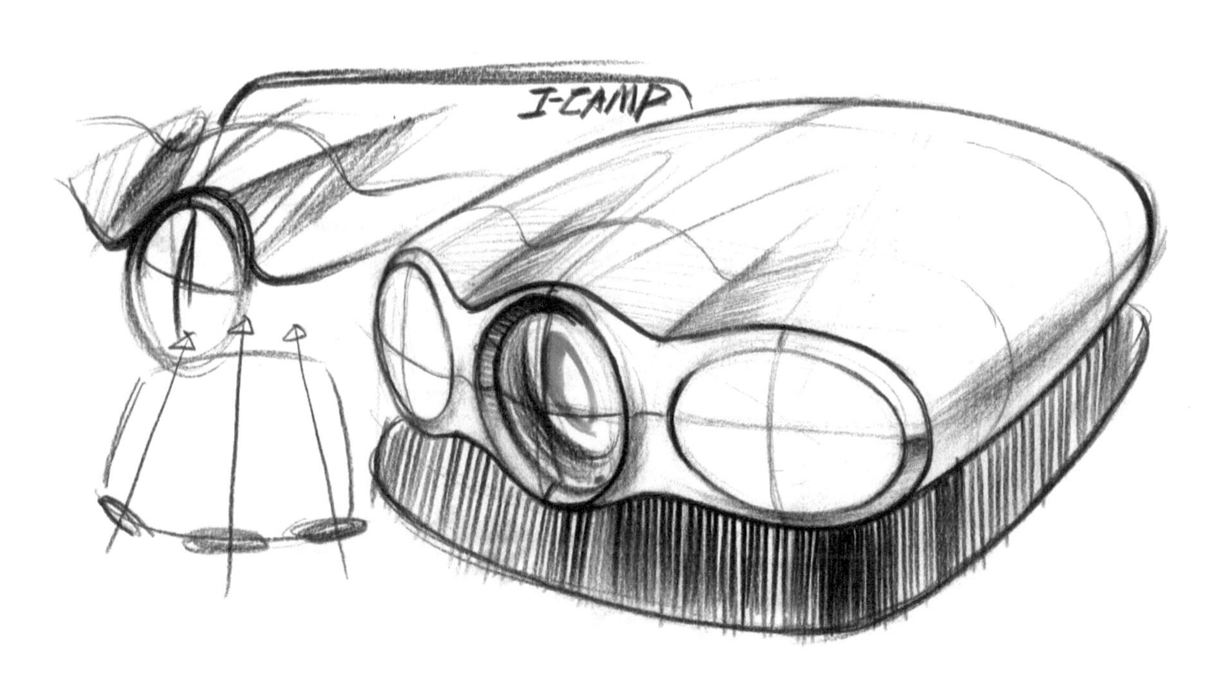

曲面应用——投影仪

3.2 基本形体的作图技巧

按照几何学的定义，体是面移动的轨迹。在立体构成中，体不仅是面移动的轨迹，还表现为面的围合、空间曲线、空间曲面等。把占有空间或限定空间的形体统称为立体。

3.2.1 手电筒的绘制步骤

视频：手电筒的绘制

一般绘制产品的第一步就是了解产品的结构，然后选取视角进行绘画。建议初学者可以先画立方体去寻找产品的形，有一定基础的人可以直接定点画，每画一个结构前都要先拿笔悬空寻找形的感觉，感觉对了就要下笔画，这样可以避免形不准。当两条线要衔接的时候，一定要衔接好，尽量让人看上去是一条流畅的线。

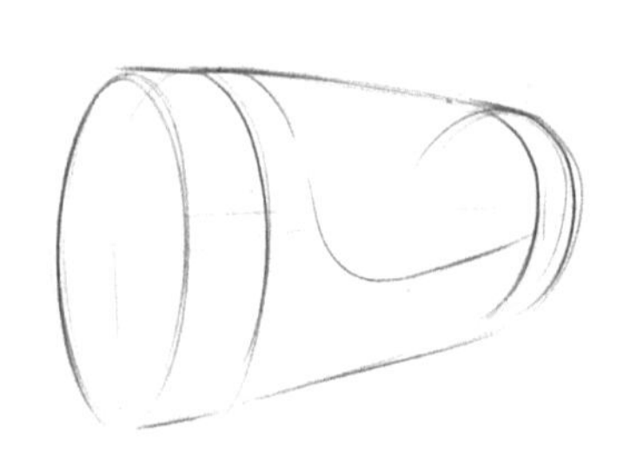

步骤01 按照比例先画出一个类似圆柱体的基本形体。

步骤02 确定线条，根据透视画出手电筒的把手。

步骤03 基本轮廓定下来以后，可以对厚度进行刻画。

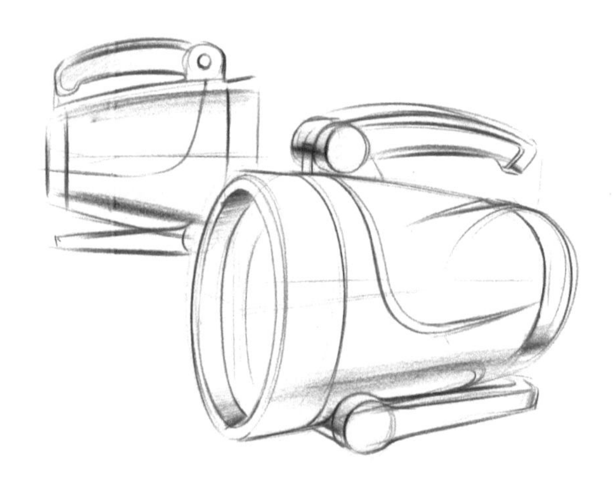

步骤04 根据透视图画出侧视图，前后形成对比，增强画面的空间感。

步骤05 用铅笔的侧锋轻轻地涂产品的明暗交界线，使形体更加具有立体感。

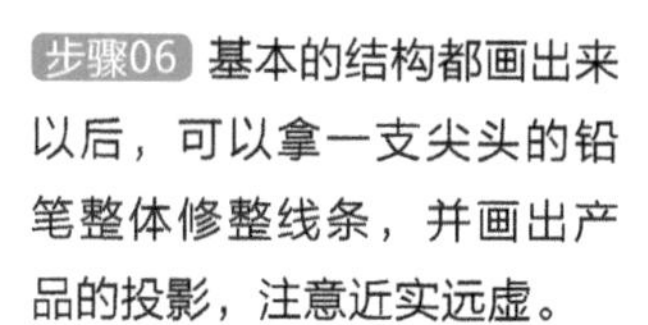

步骤06 基本的结构都画出来以后，可以拿一支尖头的铅笔整体修整线条，并画出产品的投影，注意近实远虚。

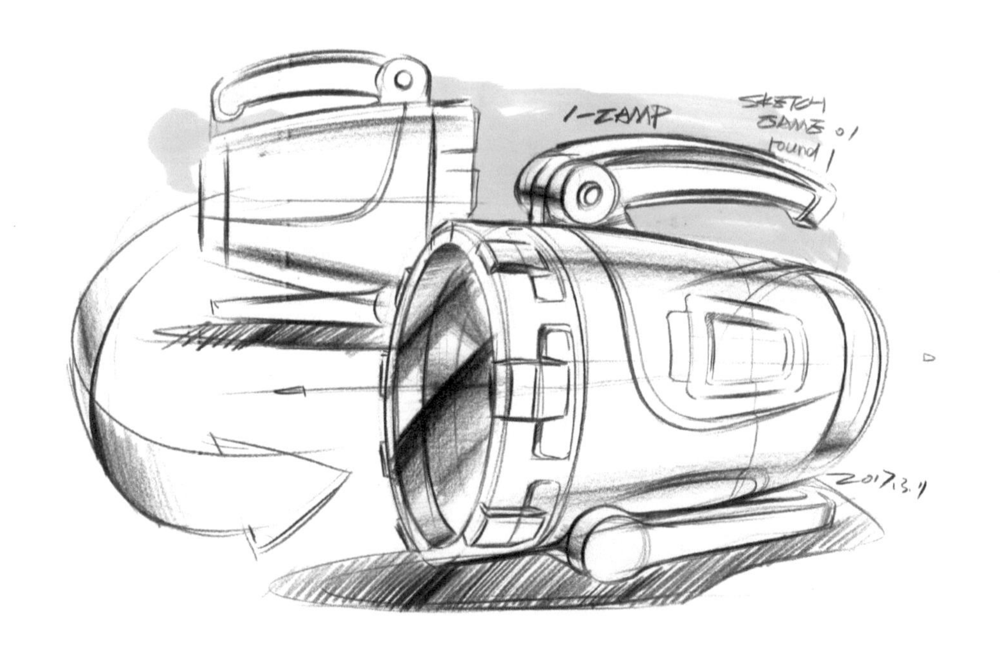

步骤07 最后一步就是整体调整。将多余的线条擦去，画上剖面线，让形体的转折更清晰。最后可以用马克笔画一些背景色，衬托一下。

3.2.2 除螨器的绘制步骤

不管绘制的产品是什么样的造型，我们都要脚踏实地地从最基本的结构开始，不能跳过任何一个步骤。下面教大家绘制除螨器产品。

步骤01 利用简单的线条将产品的轮廓快速地勾勒出来，如果不熟练，可以多画几条透视辅助线。

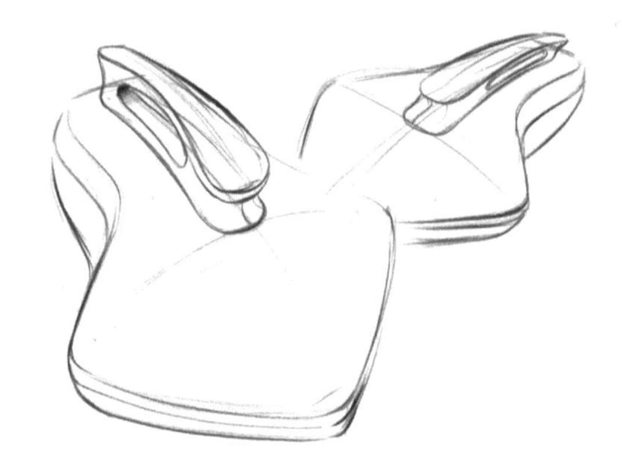

步骤02 确定并加重线条，在产品大体轮廓的基础上画出把手结构。注意不要着急画细节。

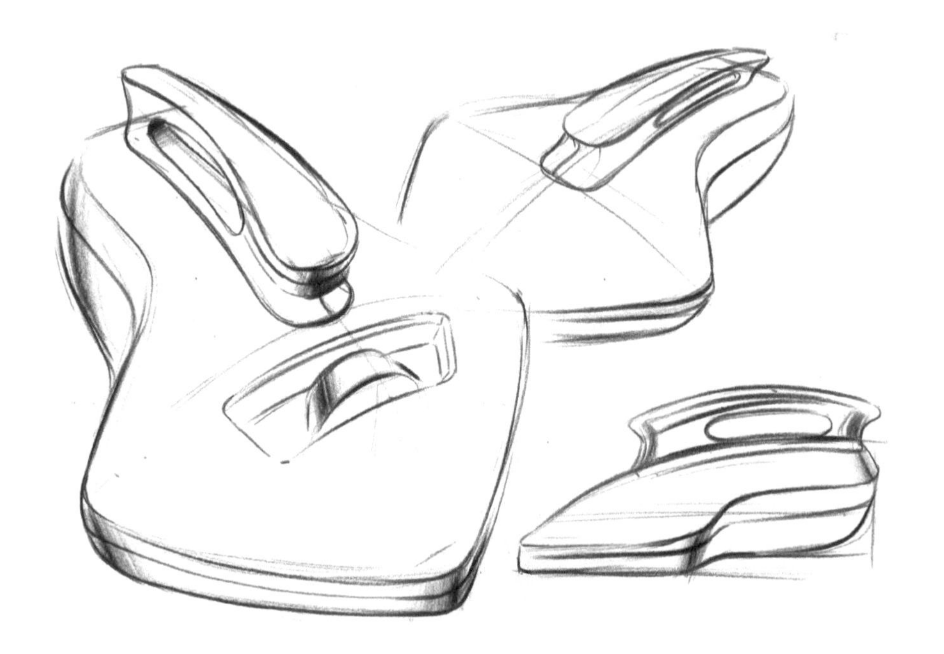

步骤03 根据透视图画出产品的侧视图。用铅笔的侧锋在形体转折的位置涂上调子，使产品的结构感更强。

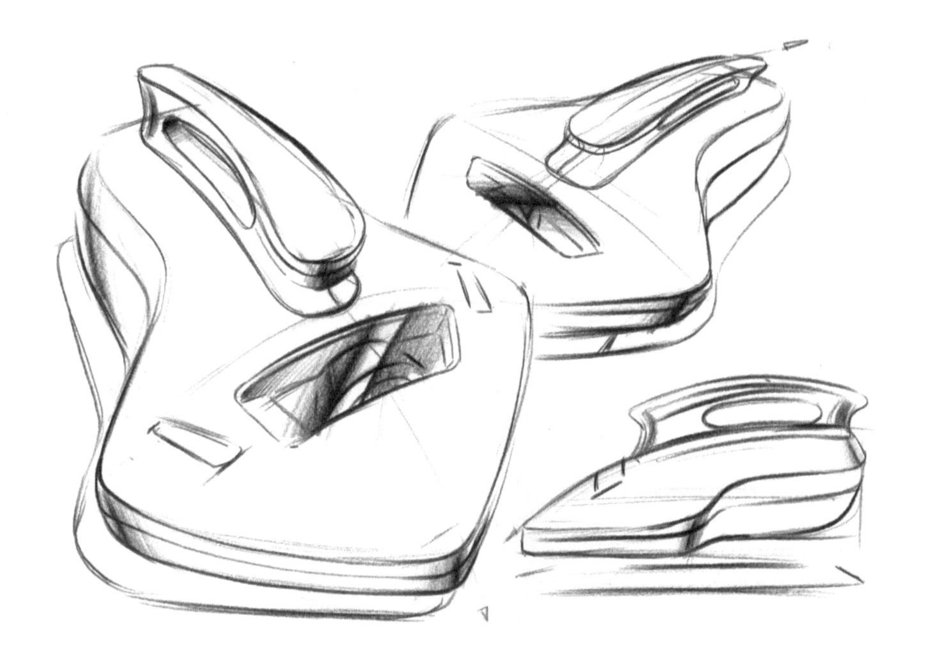

步骤04 刻画产品表面的细节部分。注意先刻画整体再到局部细节。

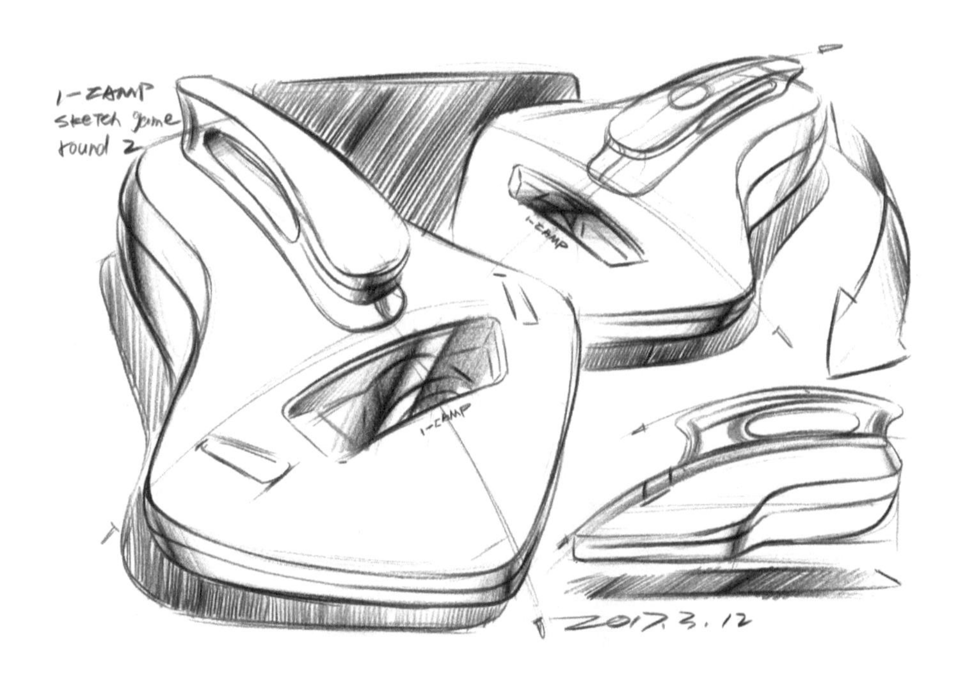

步骤05 将线条整体加重，注意虚实关系。画上背景和箭头，将画面中的三个视图联系起来。

第 4 章

形体与光影的表达

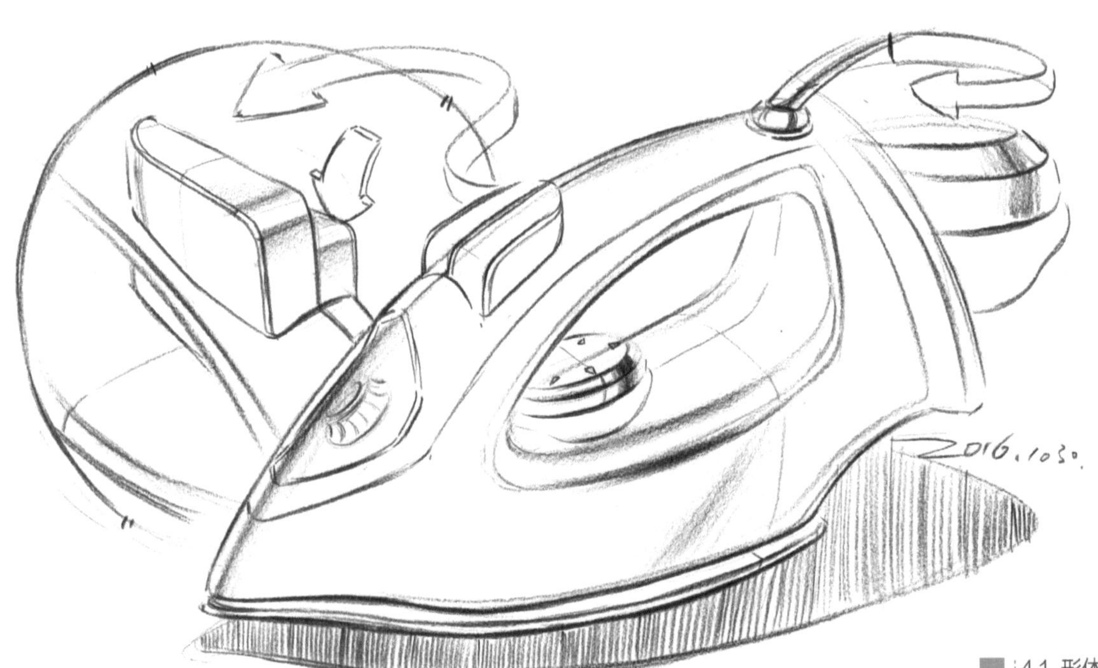

4.1 形体明暗处理

任何一个不透明的物体在光的照射下都会有明暗变化，美术上称“三大面”。也就是说，我们最多可以看到一个物体的三个面。在光的照射下，物体的各个面会呈现出不同的明暗关系，分别是亮、灰、黑，它们都代表颜色的深度。通常我们在画一个物体时，还要考虑光的反射。由于反射光线会作用到暗面的一部分，这样就形成了反光。在绘画中明暗具体的表现分别是：亮面、灰面、明暗交界线、暗面和反光。明暗关系是表现物体立体感最得力的手段，下面举几个例子来说明。

下图表现的是产品在光照下的亮暗面区分。即使是一个面，也会有从暗到亮的微妙变化，投影也是一样的。

形体光影分析

产品亮暗面处理

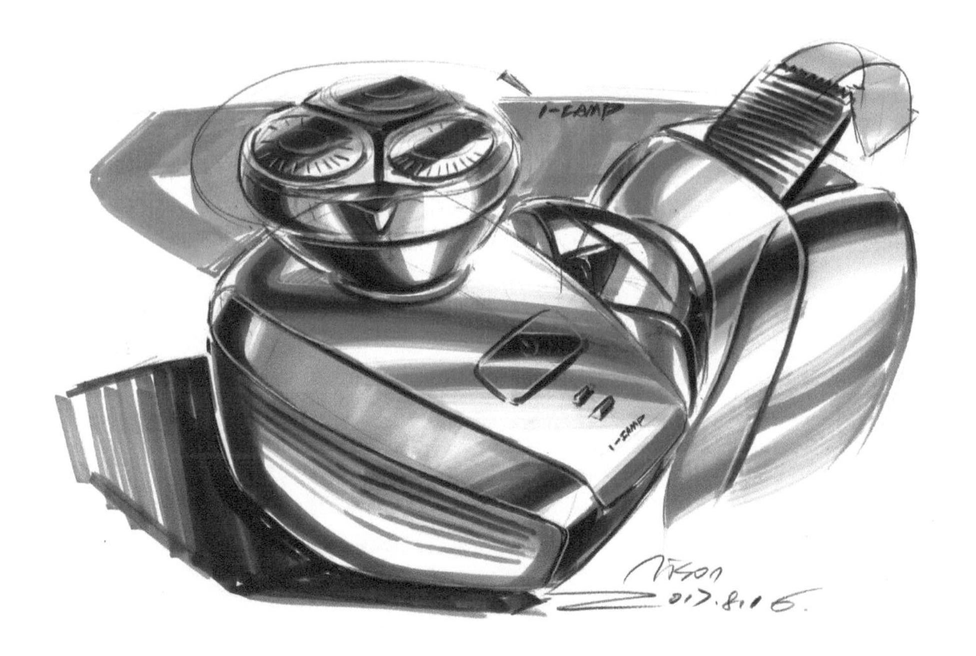

产品光影马克笔表现

视频：产品光影马克笔表现

下图是户外照明工具的形体明暗讲解图，集立方体、曲面于一体，综合地讲解一个产品在光照下的明暗分布。

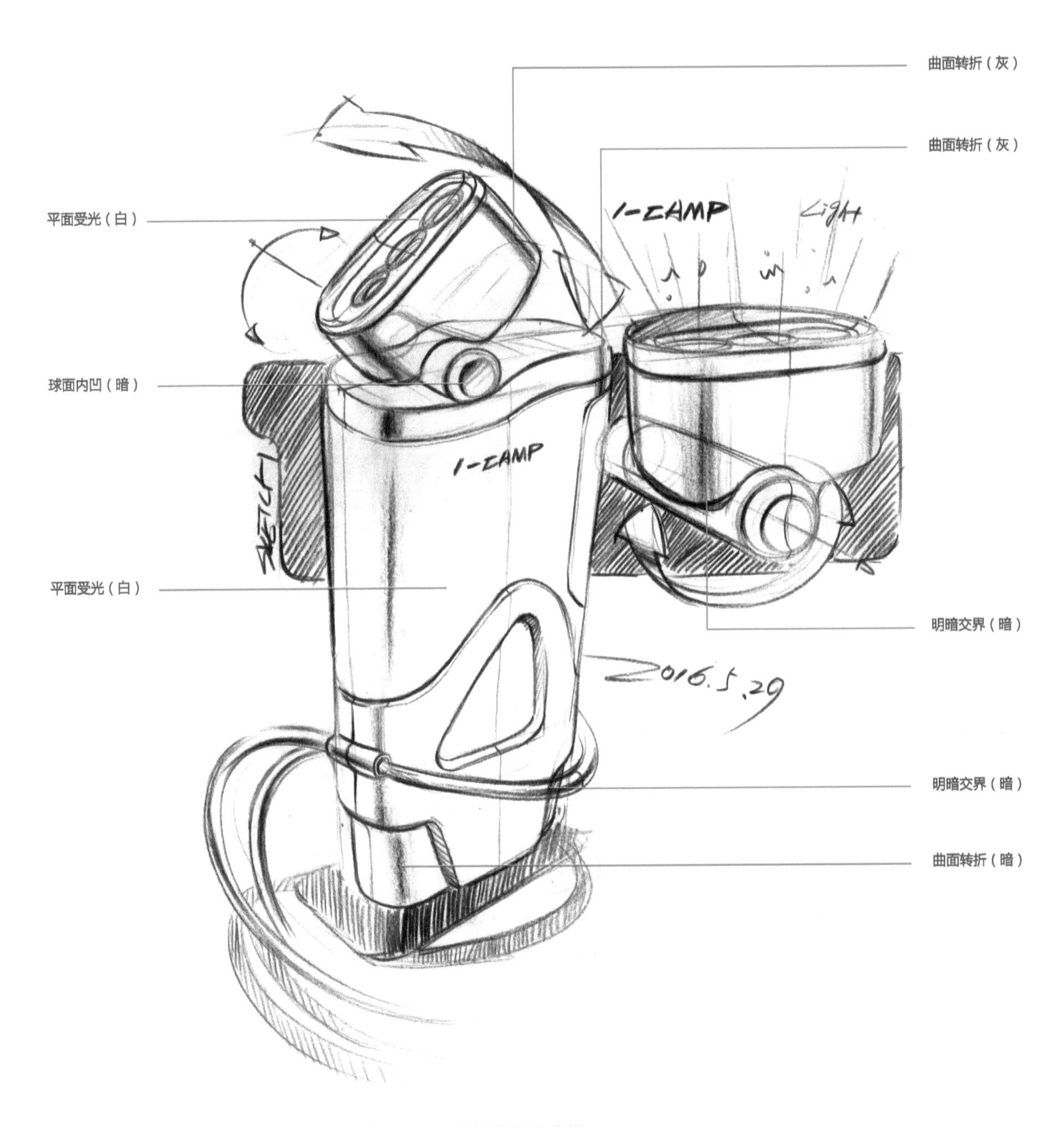

户外照明工具案例

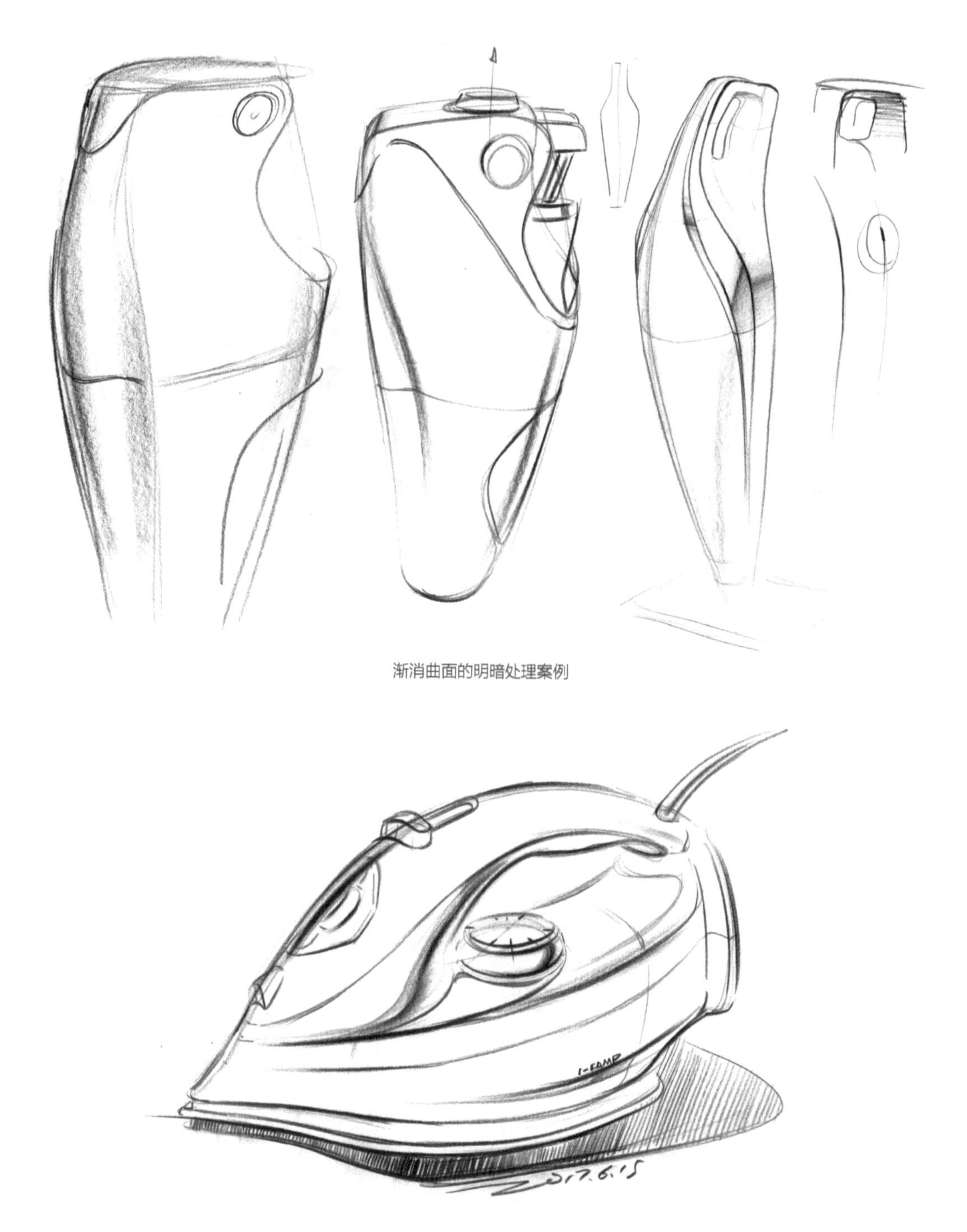

渐消曲面的明暗处理案例

电熨斗的形体明暗处理案例

4.2 细节的处理方法

一幅优秀的手绘作品，细节处理一定要到位。一般细节表现在物体的结构转折、按键、屏幕等处。下面是一些常见的曲面结构处理方法。

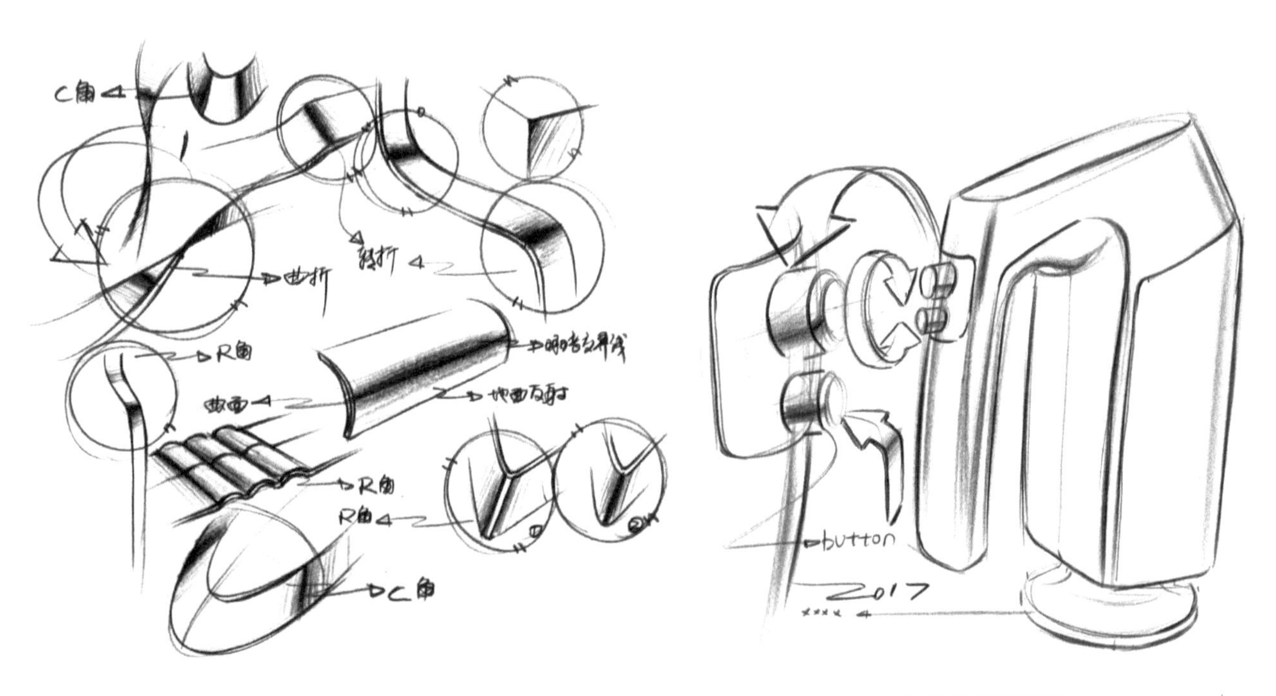

常见的曲面结构的明暗处理方法

产品的按钮细节范例

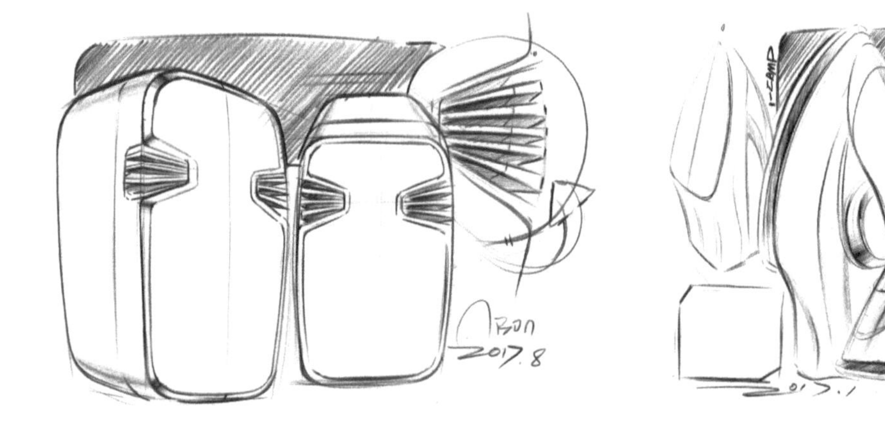

刻画局部放大细节

4.3 产品的多角度表达

为了更好地表现产品的形体结构，需要从多个角度去呈现，不同的角度表现不同的产品信息。那么，如果需要自己去设计或者根据一个角度去推敲出其他的角度，这需要一定的技巧。

要画出一个产品的多个角度，首先要把产品的三视图画出来，清楚产品的长宽比例，抓住产品的大特征，然后根据产品的比例画出相应的局部细节，如下图所示。

几何体的多角度展示

简单产品的多角度展示

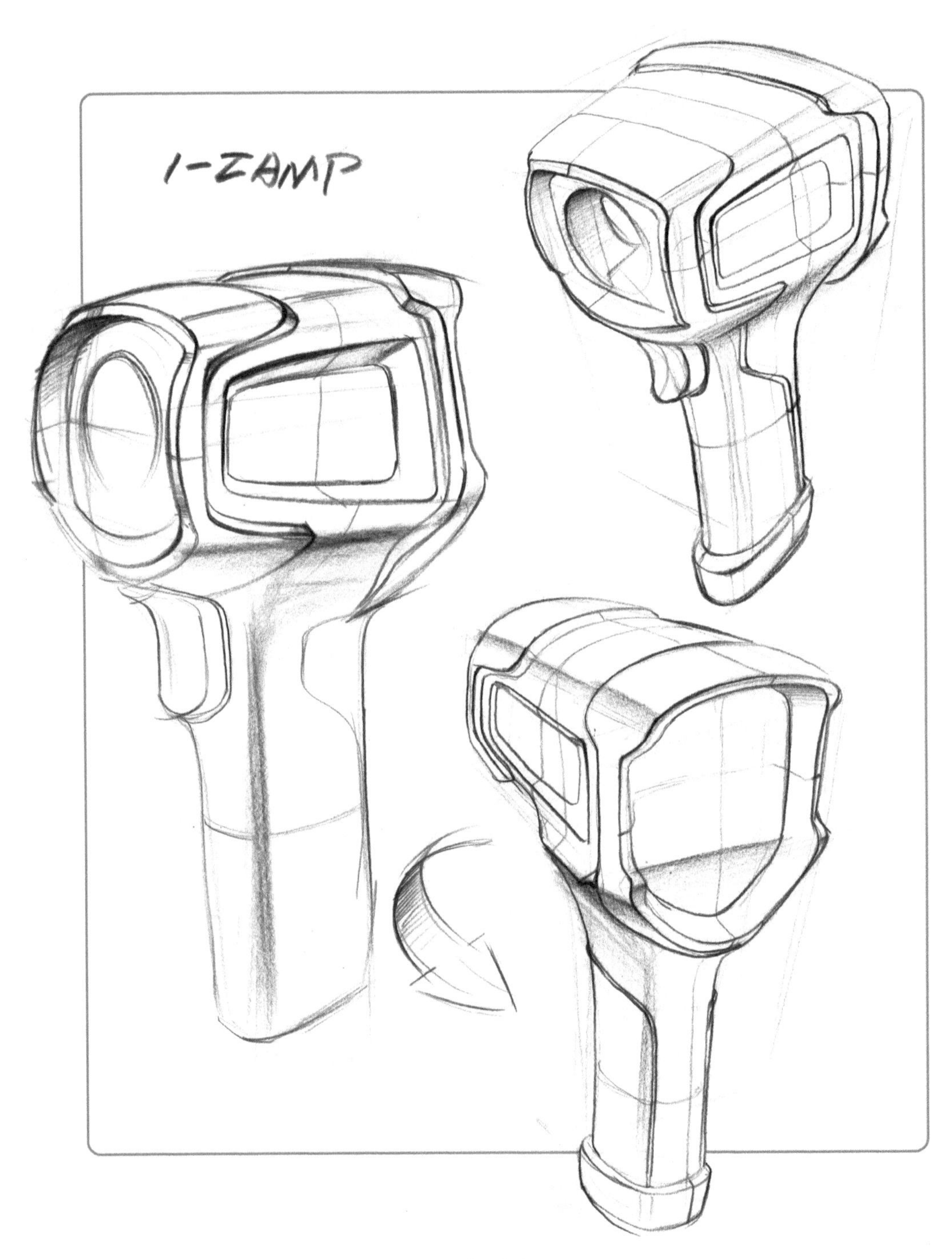

测距仪的多角度展示

第 5 章

马克笔、色粉运用技巧

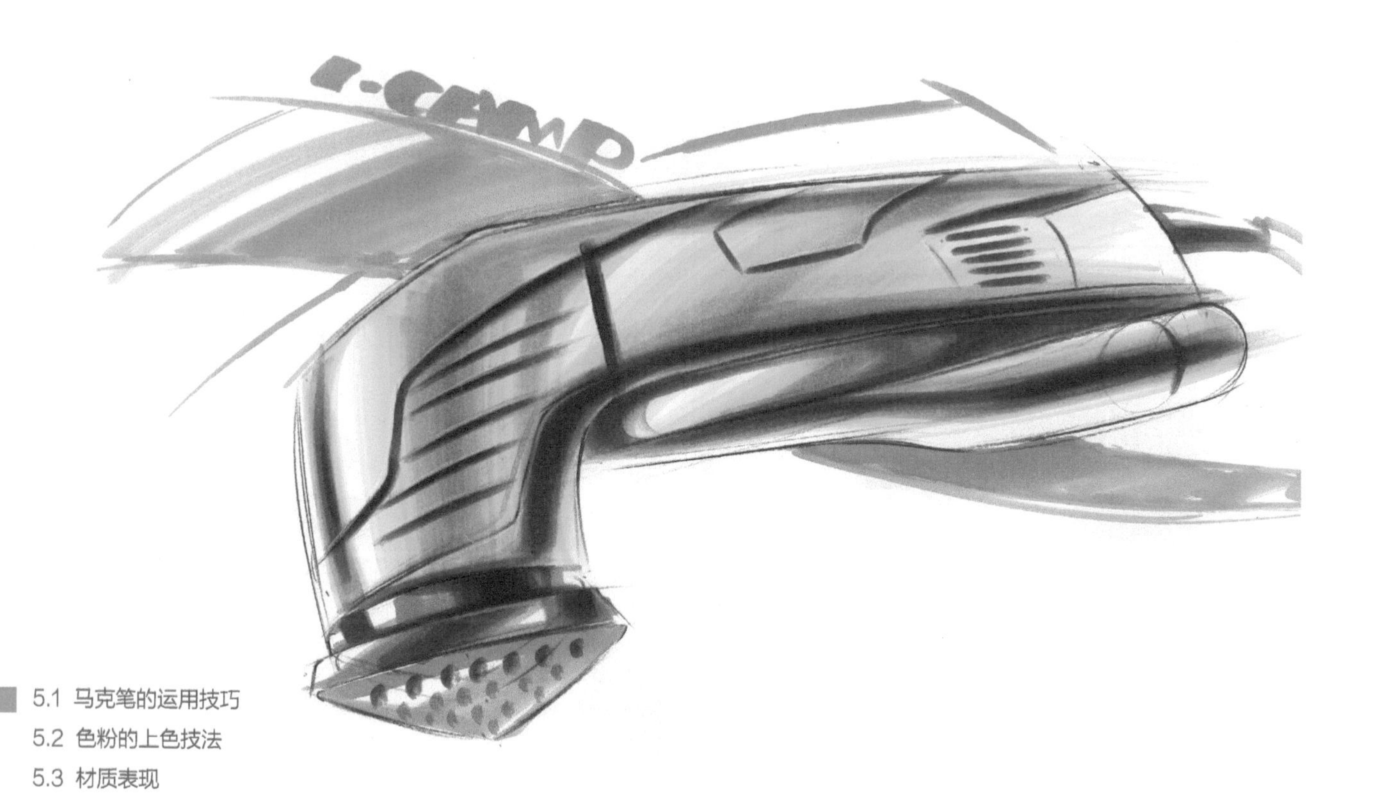

一张好的手绘效果图少不了马克笔或者色粉。在手绘效果图的表现中，马克笔与色粉是一对相伴相随的最佳搭档，特别是在光亮部位的表现上，它们之间的配合更加紧密。在手绘效果图中，马克笔往往起着骨架的作用，支撑着形态的结构与转折，色粉则控制着形态曲度的强弱。因此，控制好马克笔与色粉的使用是画好手绘效果图的关键。

5.1 马克笔的运用技巧

使用马克笔绘制时尽量将笔头接触面与纸面保持平行，控制好运笔速度，从起点到终点之间如果停留时间过长，会出现大面积渗透、笔触扭曲等现象。若笔头接触面与纸面不平行，可能出现笔触的断裂。效果如下图所示。

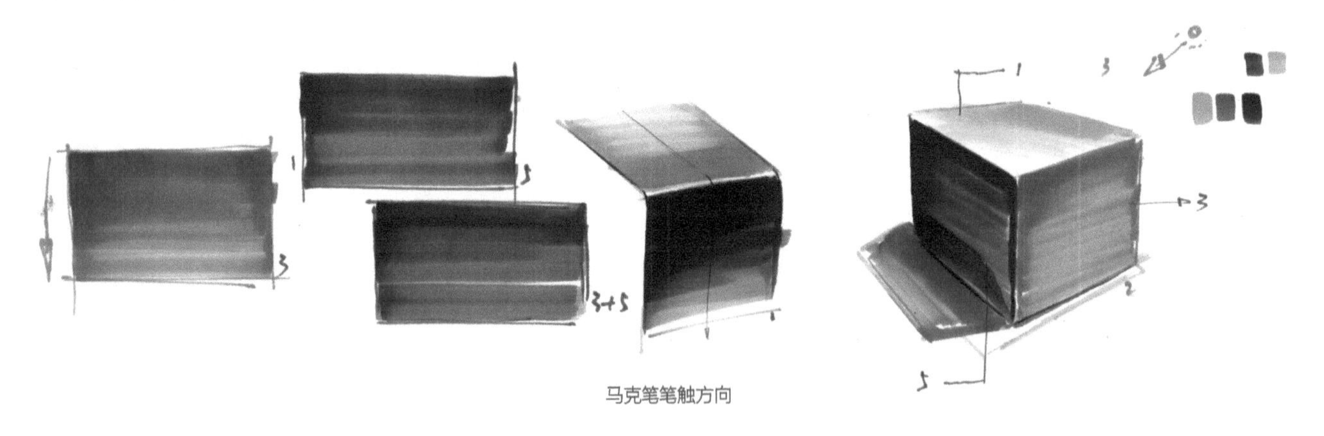

马克笔笔触方向

① 马克笔的笔触

马克笔的笔触很多时候是根据产品的光源与形体而定的，没有绝对的规律。在练习的过程中要多练习横排笔触、竖排笔触和渐变笔触，如下图所示。

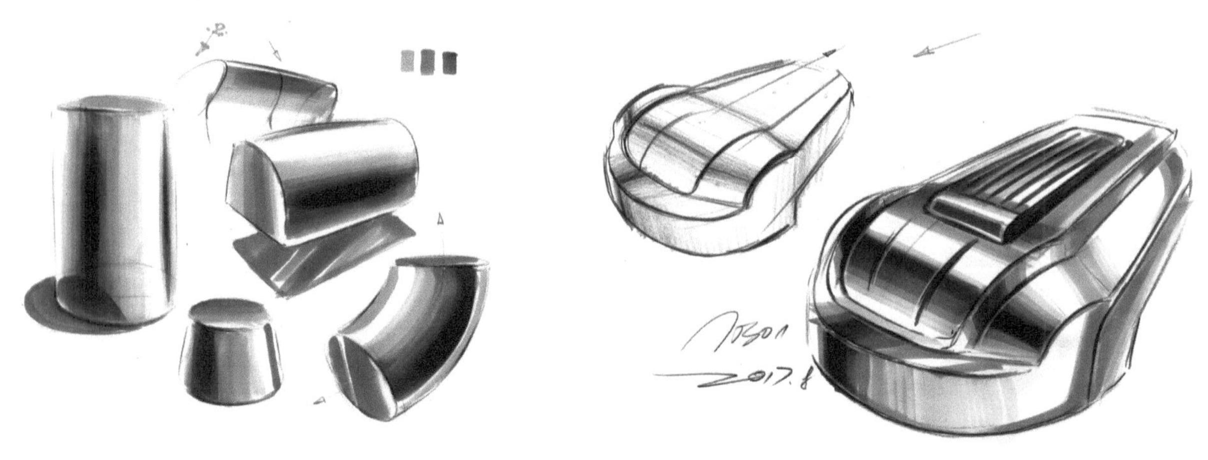

马克笔笔触技巧

❷ 不同形状的上色技巧

在使用马克笔上色前，可以先熟悉一下基础素描知识，了解光源的方向和物体阴影的投射原理。学过美术的同学应该比较清楚黑、白、灰三种不同程度的明暗关系，如下图所示。

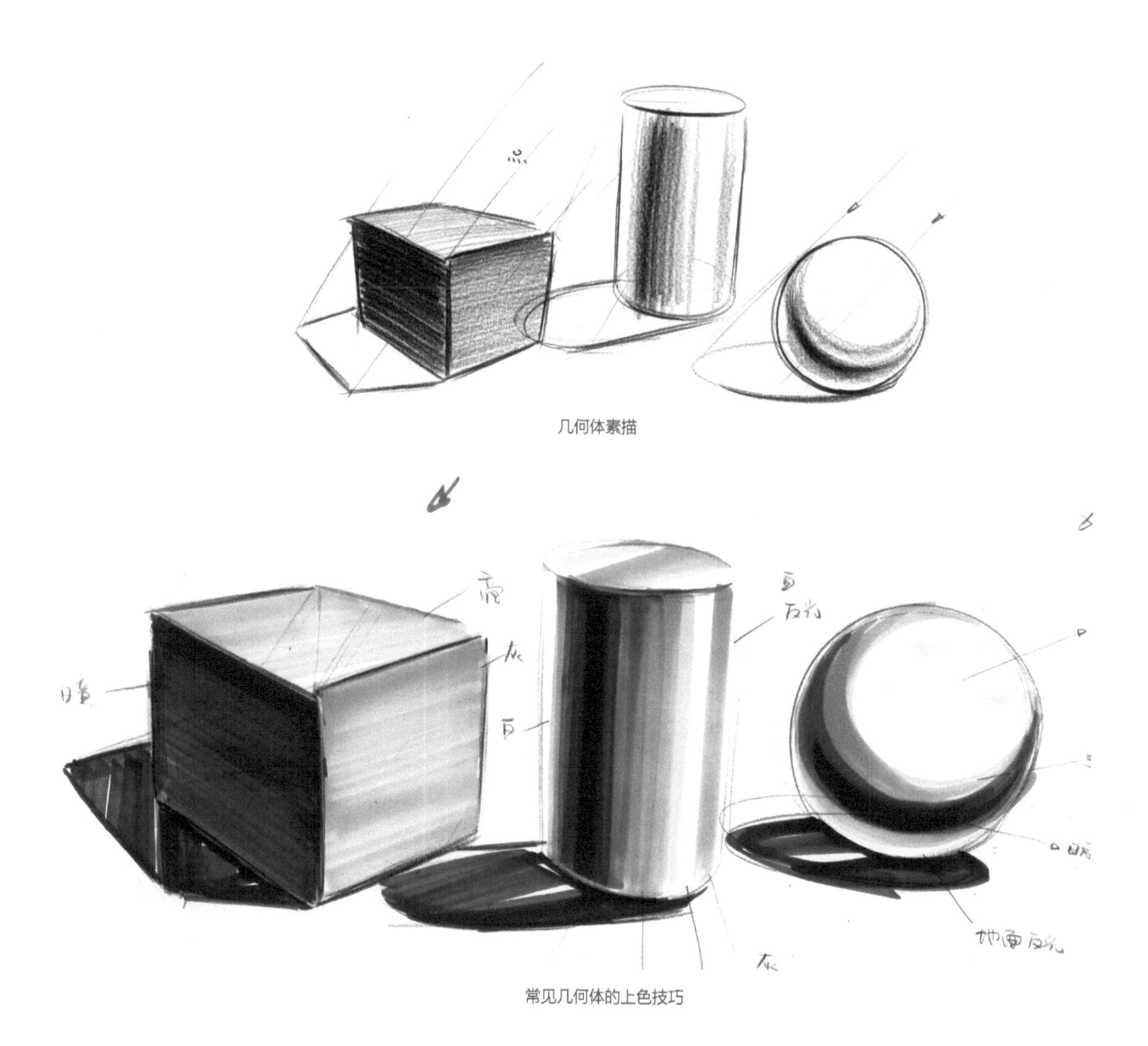

几何体素描

常见几何体的上色技巧

立方体的绘制方法：定好光源方向之后，用马克笔的深浅分出黑、白、灰三个面，注意控制好头尾，防止出现颜色过渡渗透。

圆柱体的绘制方法：定好光源方向之后，先用中间色马克笔画出明暗交界线，再用浅色马克笔过渡至高光位置，最后加强明暗对比。

球体的绘制方法：定好光源方向之后，先用浅色马克笔跟着球面结构画出明暗交界线，再慢慢用深色加重暗部，注意边缘留白。

③ 单色马克笔表现

先用灰色马克笔练习产品的形体结构，不同明暗对应使用不同灰度的马克笔。下面是用单色马克笔表现的案例。

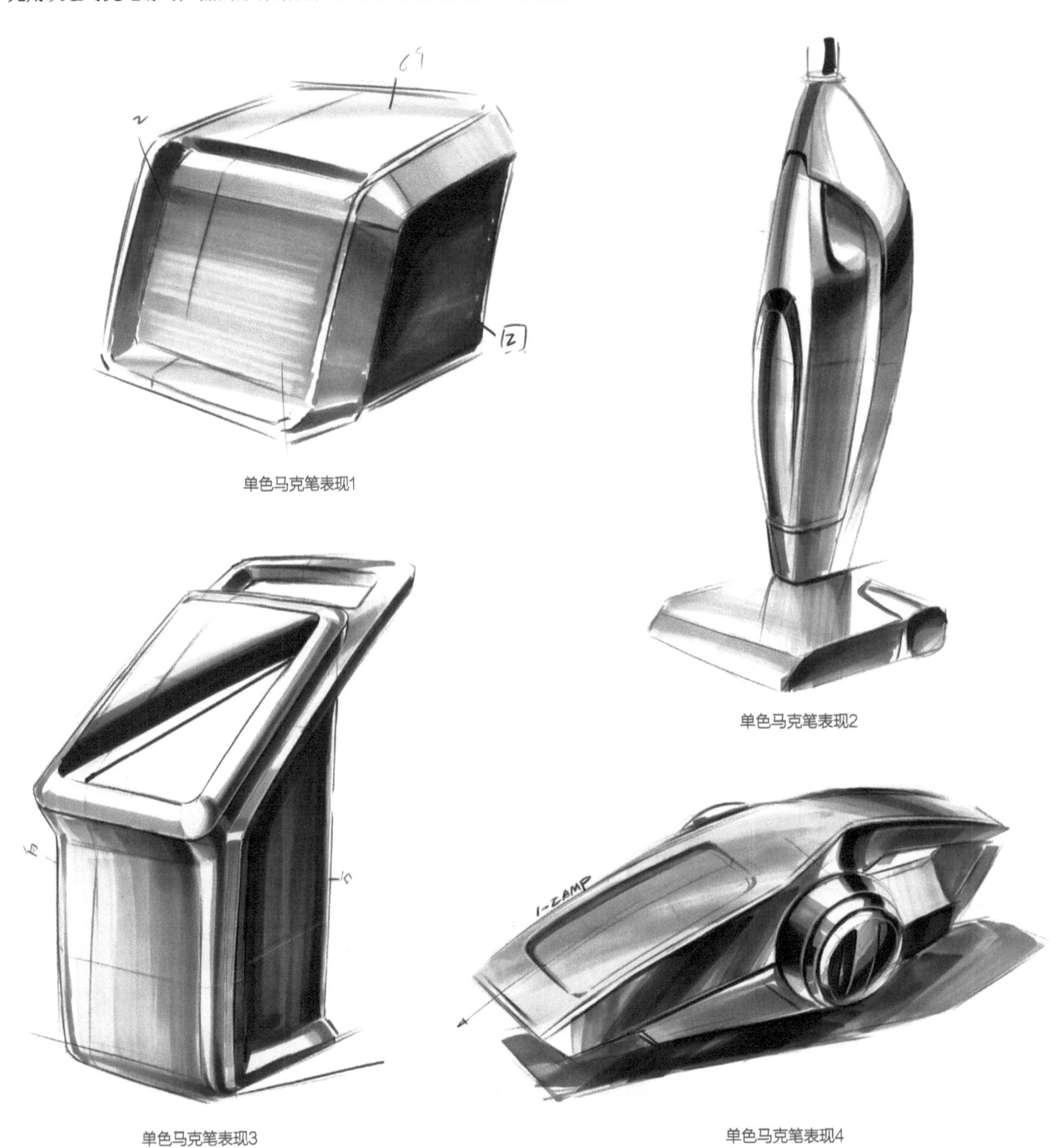

单色马克笔表现1

单色马克笔表现2

单色马克笔表现3

单色马克笔表现4

视频：单色马克笔表现5

单色马克笔表现5

④ 马克笔的应用

练习了单色马克笔形体表达后，可以开始练习彩色马克笔的表达。注意很少有整体为彩色的产品，一般都是以黑白灰为主，然后在局部进行彩色点缀。当然也有例外，如手机、充电宝等电子产品。下面列举一些产品配色和马克笔应用。

马克笔应用1——创意U盘

马克笔应用2——移动电源

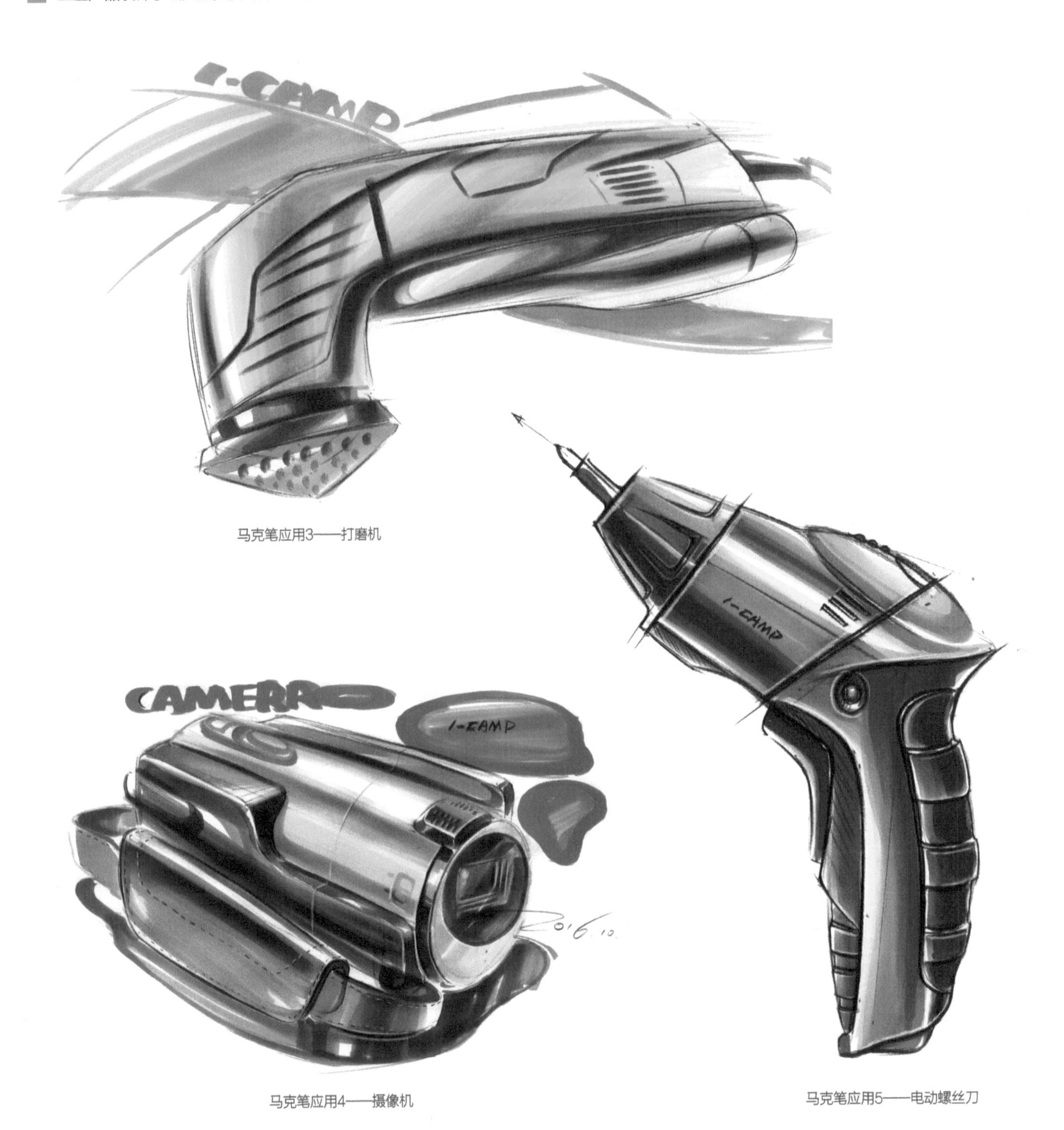

马克笔应用3——打磨机

马克笔应用4——摄像机

马克笔应用5——电动螺丝刀

5.2 色粉的上色技法

色粉在效果图中也是比较常用的工具，特别是在处理曲面的物体时过渡比较均匀。与马克笔稍有不同，色粉的着色效果比马克笔的层次多，但是比较容易弄脏画面。注意在使用过程中切勿大力揉搓，可借助纸巾或者直接用手指去涂抹。下面是色粉的几种上色技法。

（1）头重尾轻渐变：可以利用便利贴贴住一边，往另一边轻揉色粉，注意控制好色粉，使其涂抹均匀。

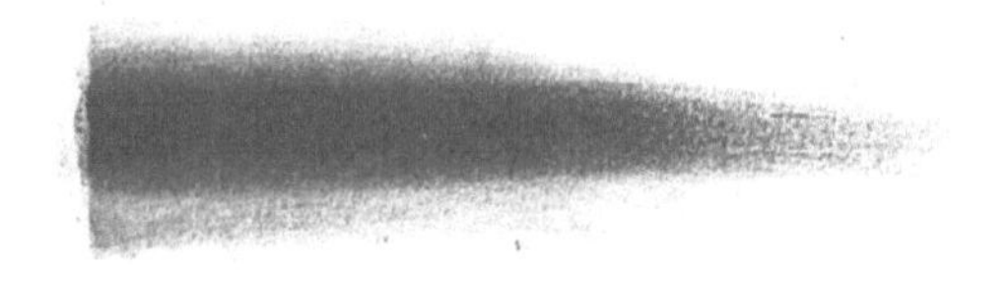

（2）中间重四边轻：用纸巾蘸一点儿色粉，左右来回轻揉，注意上下左右中的用力要合适。

（3）单边重，往另一边渐变：利用便利贴贴住下面，然后左右来回轻揉色粉。

（4）上下重，左右渐变：利用便利贴贴住上下两边，左右来回涂抹色粉，注意控制好色粉的均匀度。

手电筒色粉表现

下图是吸尘器效果图的范例。蓝色部分是使用色粉和马克笔一起完成的效果。先用浅色马克笔铺上底色，确定好光影位置，再用色粉进行涂抹，注意对力度的控制，最后的质感效果会很细腻。

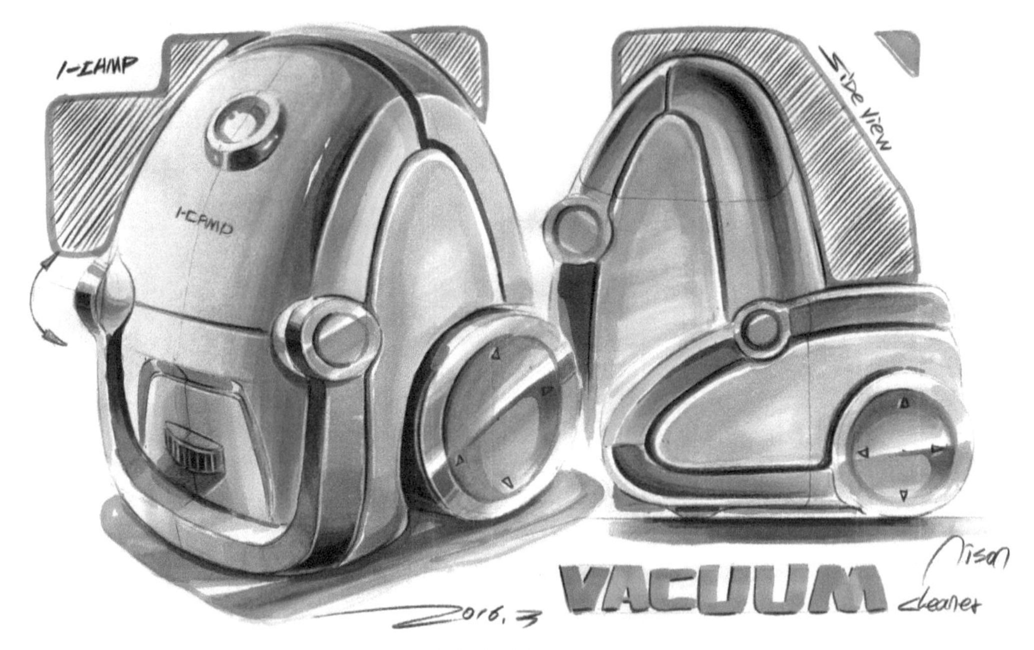

吸尘器效果图范例

下图是运动鞋效果图的范例，也是马克笔加色粉的共同表现。先用马克笔将运动鞋的结构和明暗关系表现出来，再用相应颜色的色粉涂抹。注意暗部与亮部的过渡，明暗转折线可以用马克笔加重，亮部可以用橡皮擦处理。

运动鞋色粉表现

5.3 材质表现

在马克笔效果图表现中，比较常见的材质有塑料、金属、橡胶、皮革、玻璃、木材等，不同的材质在表现方法上有些区别。熟悉每种材质的特点之后，有条件的话，可以从身边找出不同材质的产品，观察一下，感受不同材质表面的反光程度和不同材质的纹理等，如下图所示。

金属材质是一种比较硬朗的材质，反光程度很强，在使用马克笔进行上色表现时要适当夸张对比效果和环境光。

金属材质——渔具

金属材质——咖啡机

塑料材质的产品随处可见，主要有高反光和亚光两种类型，可以驾驭多种鲜艳的颜色。

塑料材质——耳机

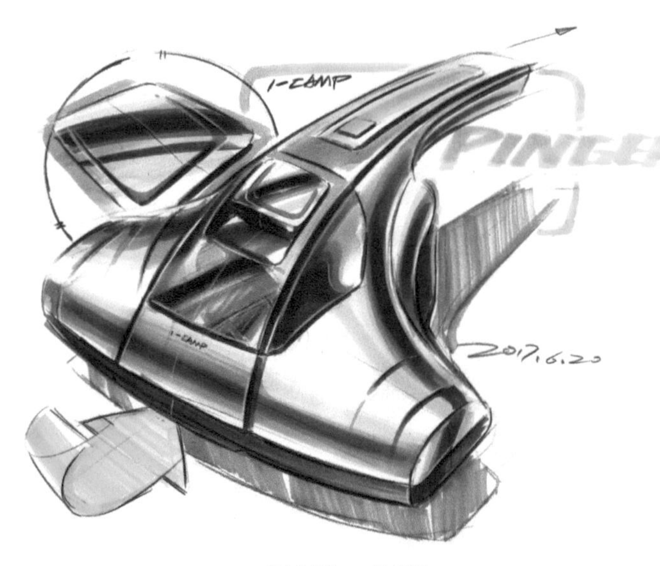

塑料材质——除螨器

透明材质的主要特点是能透出材质后的内容，容易受到环境影响，所以在表现上会有比较丰富的环境色。

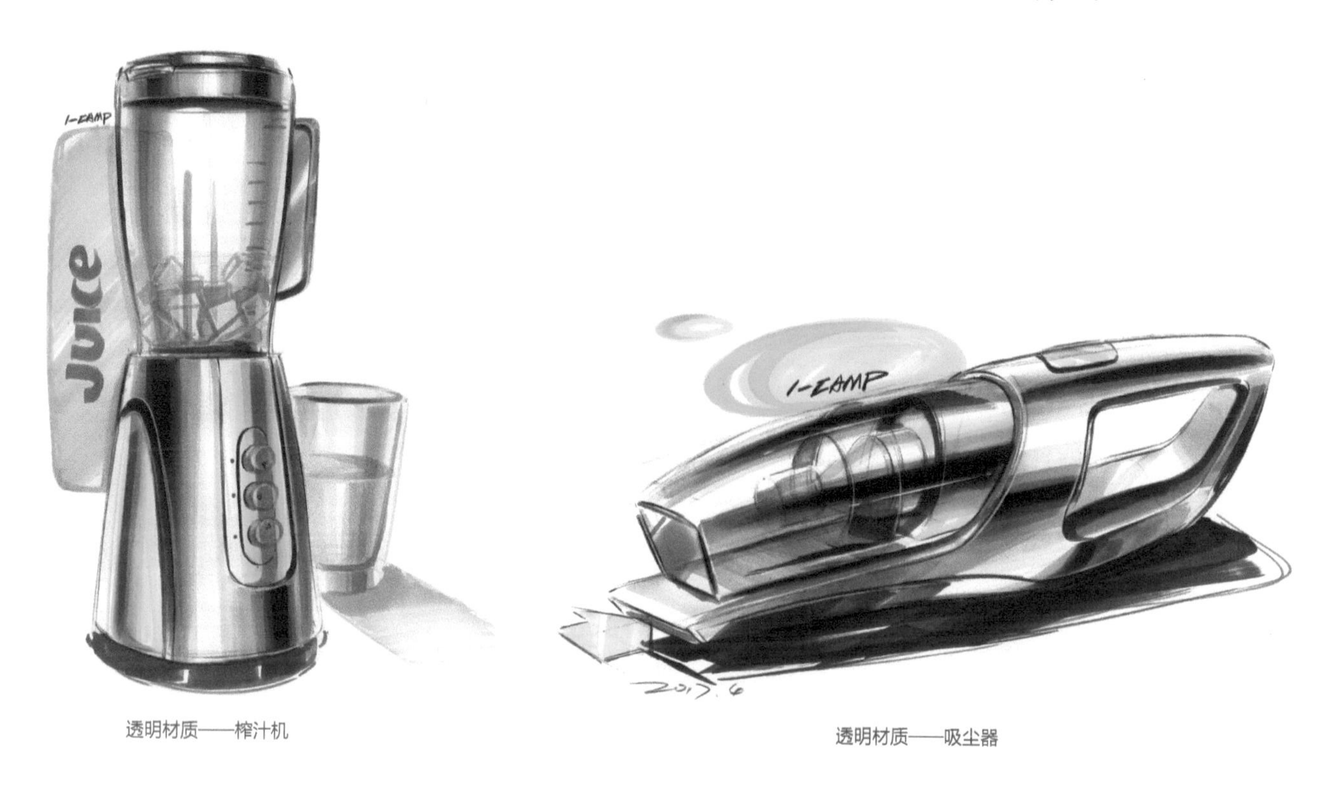

透明材质——榨汁机

透明材质——吸尘器

皮革材质属于柔软的材质，所以在用马克笔进行上色表现时需要注意笔触不能太硬，要考虑材质以及结构的特征，灵活运笔。

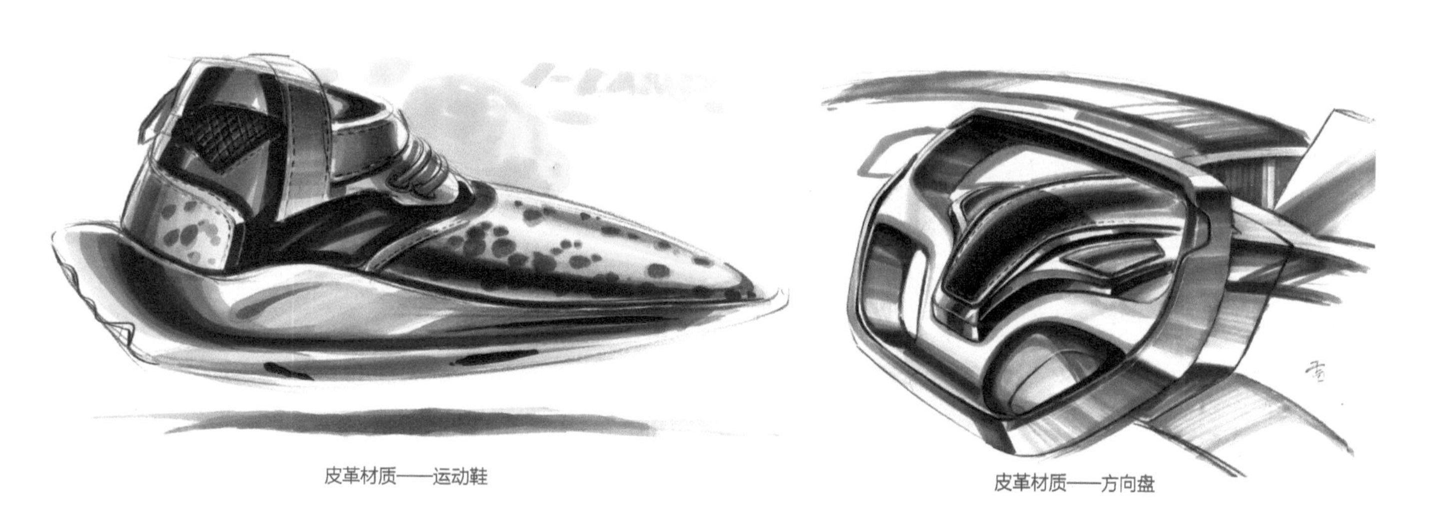

皮革材质——运动鞋

皮革材质——方向盘

木纹材质最大的特点是固有色和木纹。木纹的颜色是自然的，在马克笔表现上不需要太平均，要适当地做一些随机处理。

木纹材质

木纹材质——面包机

第 6 章

数码电子类产品绘制范例

资源下载验证码：71934

6.1 游戏手柄设计

步骤01 利用直线起形，勾勒出大致的轮廓。

步骤02 根据辅助线画出操控面板的位置与底座。

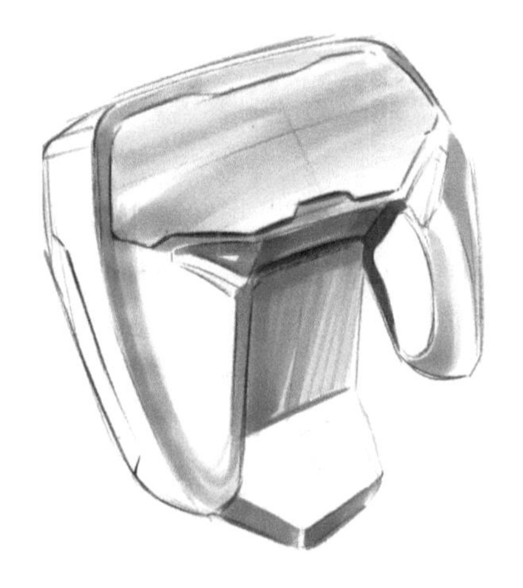

步骤03 用浅灰色马克笔将产品的明暗位置区分好。注意运笔不要过多重复，避免纸张湿透。

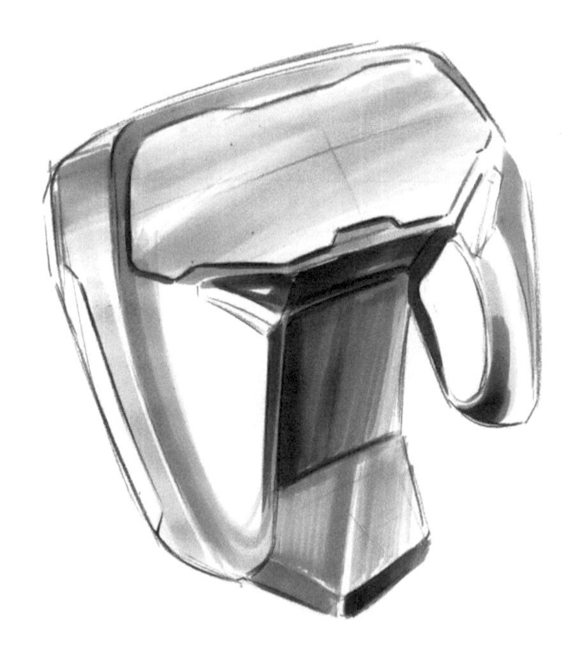

步骤04 用马克笔大面积概括产品的块面，注意笔触的过渡和高光处的留白。

步骤05 在浅色体面的基础上用深色马克笔画出按钮的位置。

步骤06 刻画按钮部分细节，注意对按钮厚度的刻画。防滑橡胶用红色表现，点缀一下整个产品。

使用颜色：

269	271	272	274
253	255	241	140

亮部的留白处理

对键盘细节的刻画

边缘虚化

步骤07 加重明暗交界线，增强产品的体积感，用白色高光笔在转折处画出高光。最后给产品画上背景色和投影，使产品的空间感更强。

投影的虚实过渡

平面概括笔触

6.2 手机音箱设计

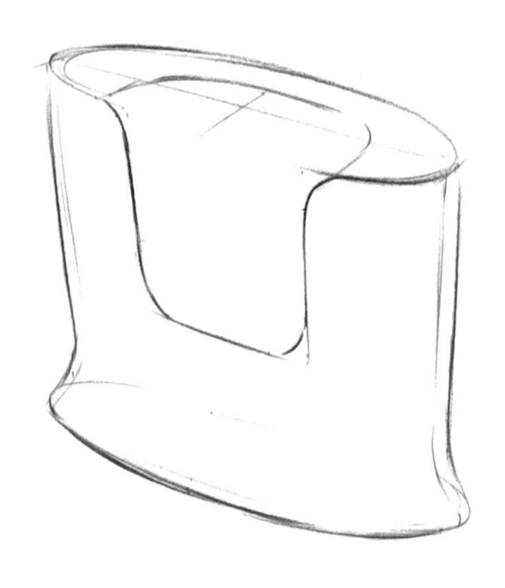

步骤01 首先画出产品的大致轮廓。

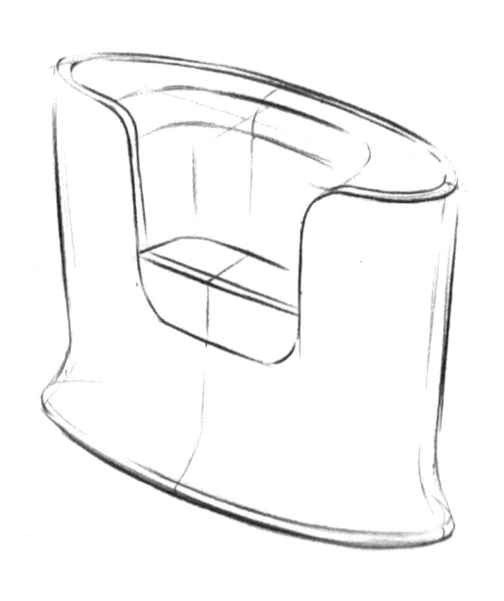

步骤02 确定线条并加重，注意线条的轻重过渡要合适。

步骤03 根据透视图再画出另一个产品视图，注意产品的前后大小对比。

步骤04 用暖灰色马克笔为内侧的面铺上颜色，注意曲面的转折过渡和留白。

步骤05 因为产品表面是不规则的曲面，所以在上色的时候笔触走向要随着曲面变化。

步骤06 运笔要连贯，这样才不会出现一道一道生硬的马克笔痕迹。

步骤07 为了使画面更完整，可以多画一些视图以及能表现细节的局部放大图，如右图所示。

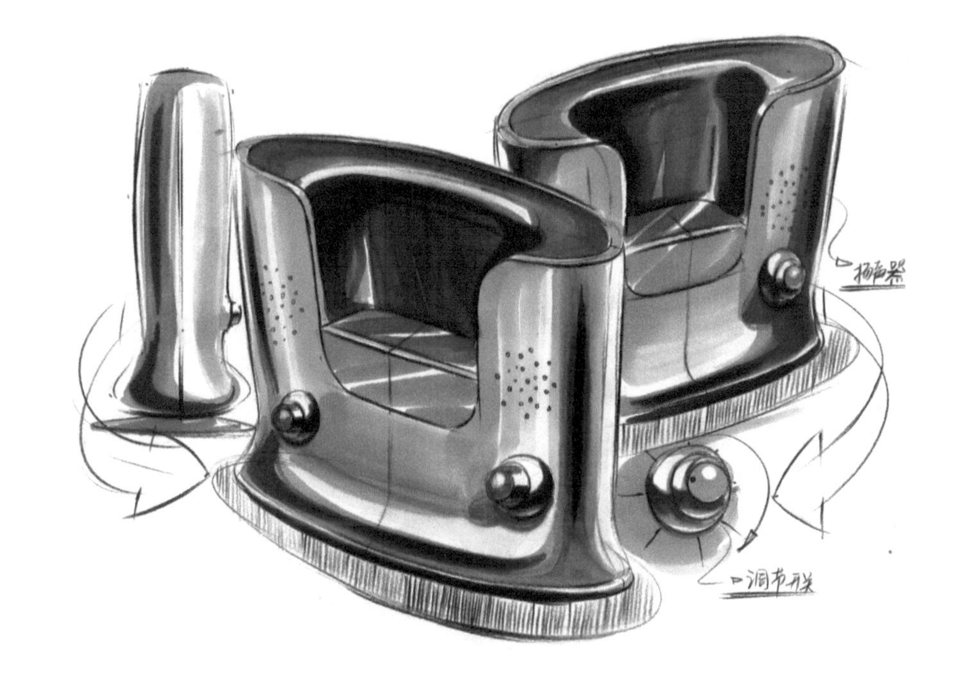

使用颜色：

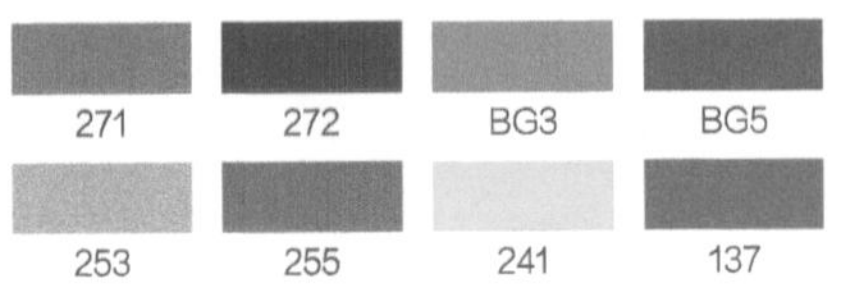

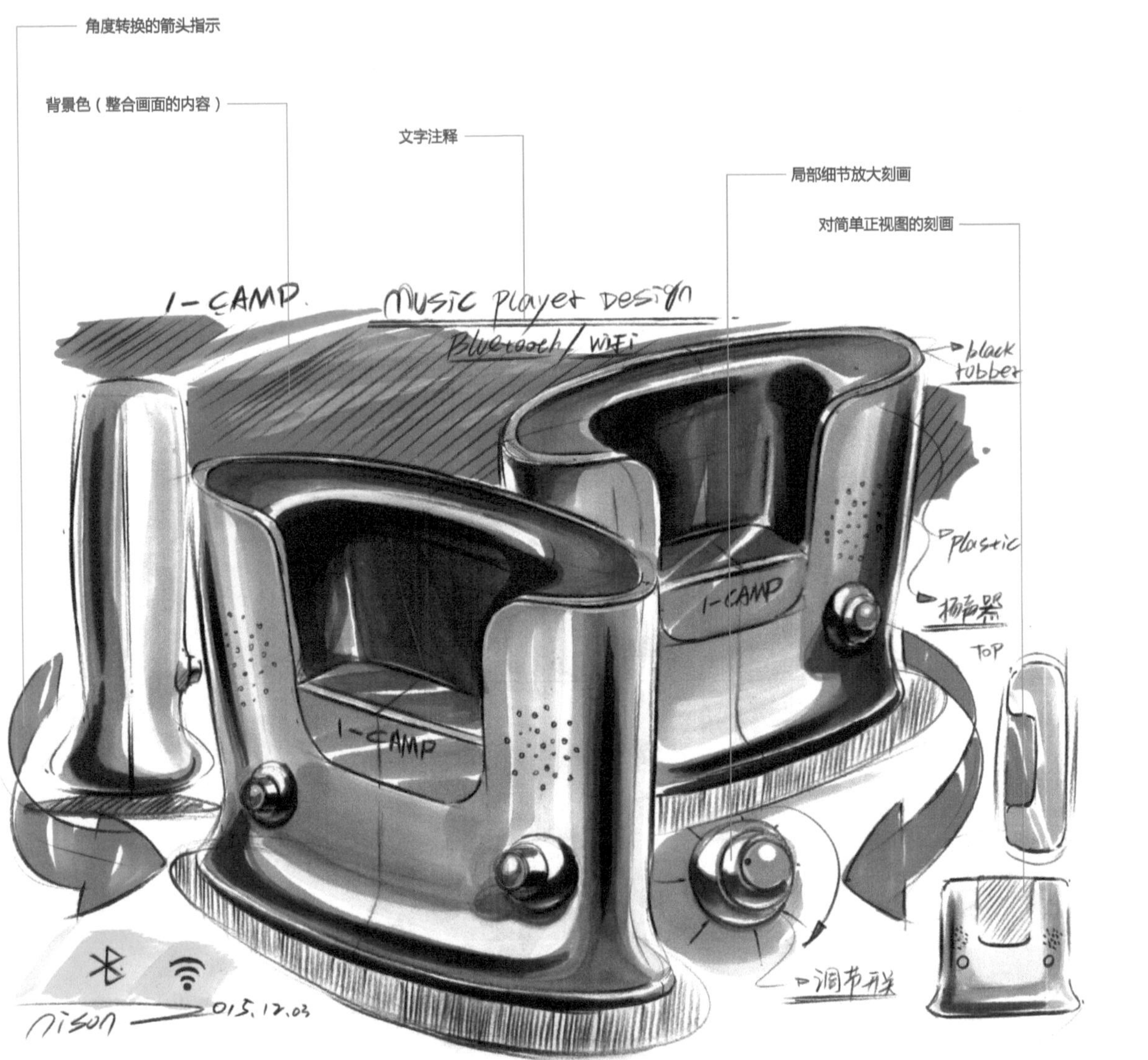

步骤08 给产品加上背景，让画面中的内容更有关联性。在空白处写上标题和注释文字，让整个画面更协调。

6.3 鼠标设计

步骤01 先根据鼠标的形状画出几条主要的结构线。

步骤02 调整并加重轮廓线，根据截面线画出滚轮区域。

步骤03 整体造型确定之后，画出鼠标侧边的功能按键。

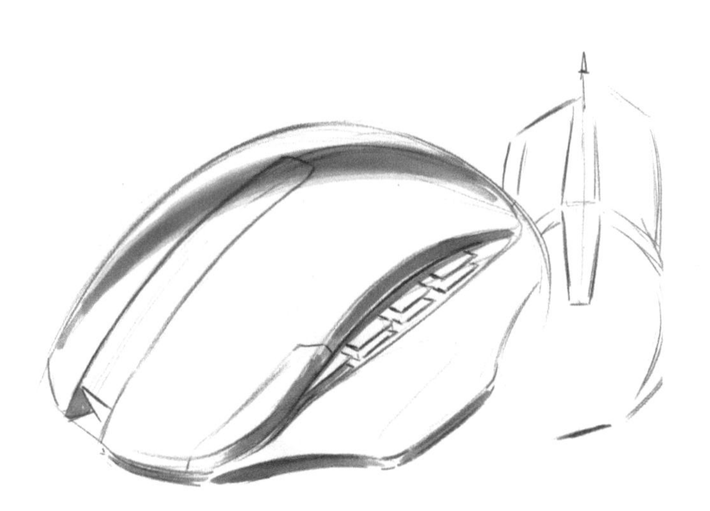

步骤04 鼠标的整体造型表现出来之后，开始用马克笔上色，上色前要想好光源的位置。

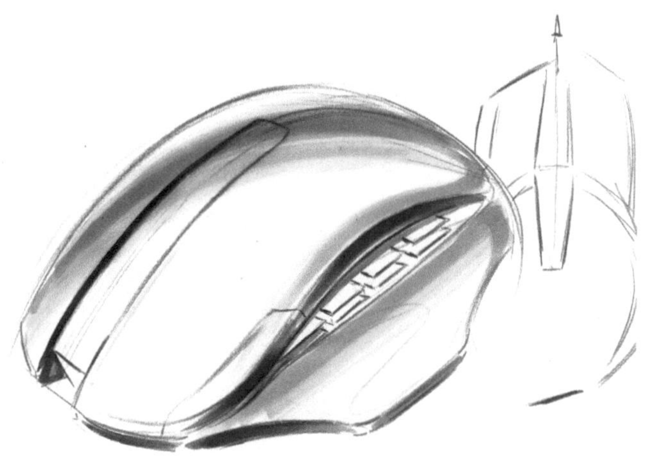

步骤05 鼠标整体造型就像一个球体，找准明暗交界线很关键，注意颜色不用铺太满。

步骤06 用灰色马克笔一层一层加重，注意笔触要流畅。

步骤07 用马克笔的小笔头加重结构的小厚度，让结构之间的关系更清晰。

步骤08 用同样的方法为顶视图也铺上颜色，注意鼠标是类似球体的形状。

步骤09 刻画细节，用尖头的铅笔和白色高光笔刻画滚轮和按键的细节。

使用颜色：

269	271	272	274
240	241	253	255

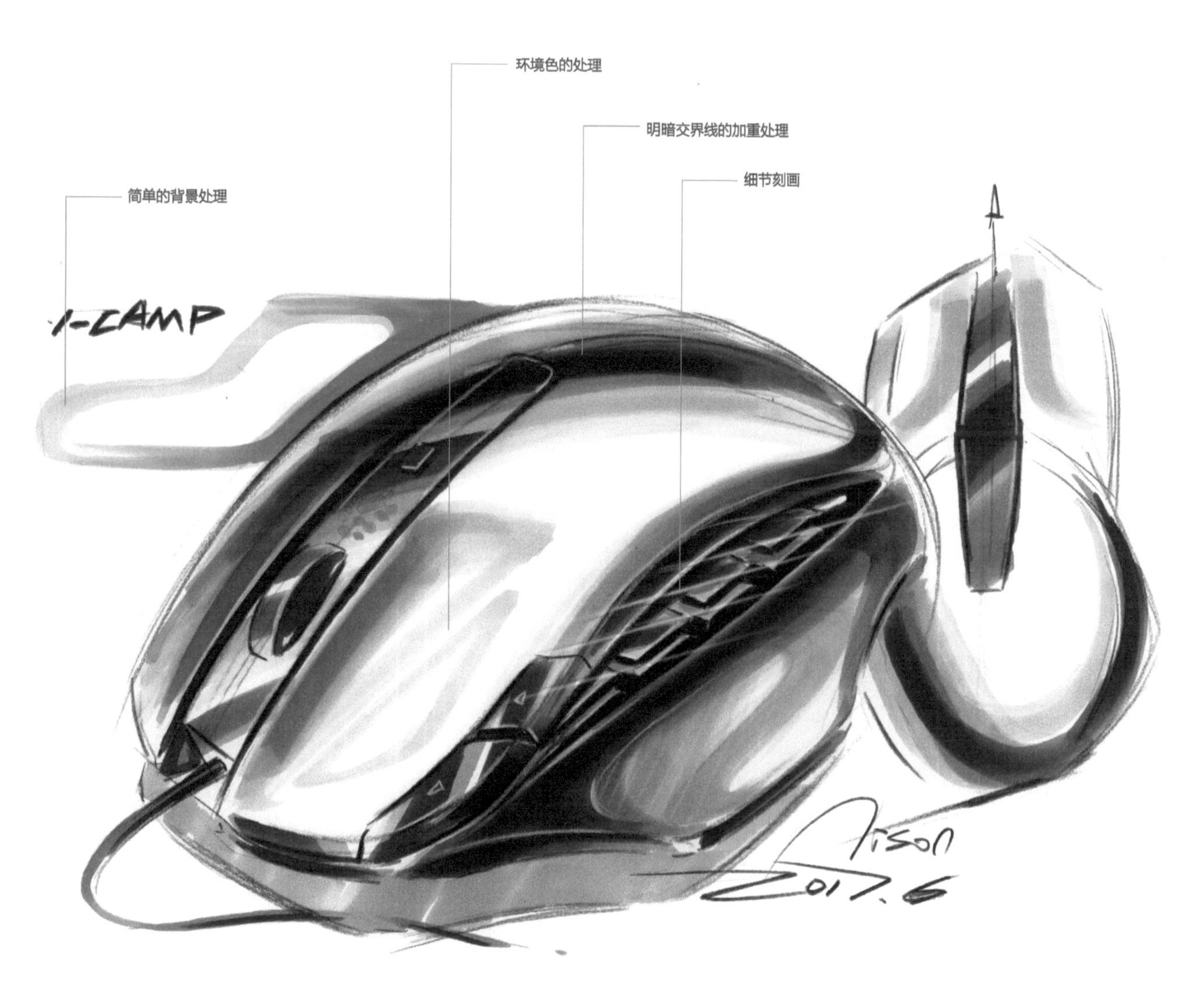

步骤10 给产品画上投影和背景，最后用深灰色马克笔在明暗交界线处再压一下，增强产品的体积感，让鼠标看起来更加饱满。

6.4 入耳式耳机设计

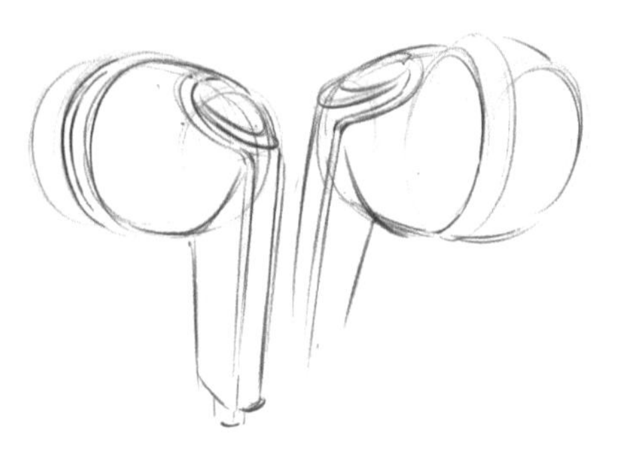

步骤01 根据比例关系，用铅笔画出耳机的大致轮廓。

步骤02 进一步修整线稿，注意圆的透视。

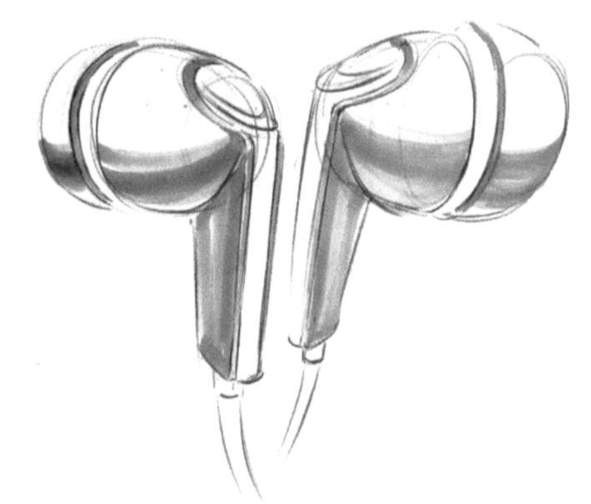

步骤03 用灰色马克笔将耳机的明暗关系区分出来，一定要跟着形体的曲面运笔。

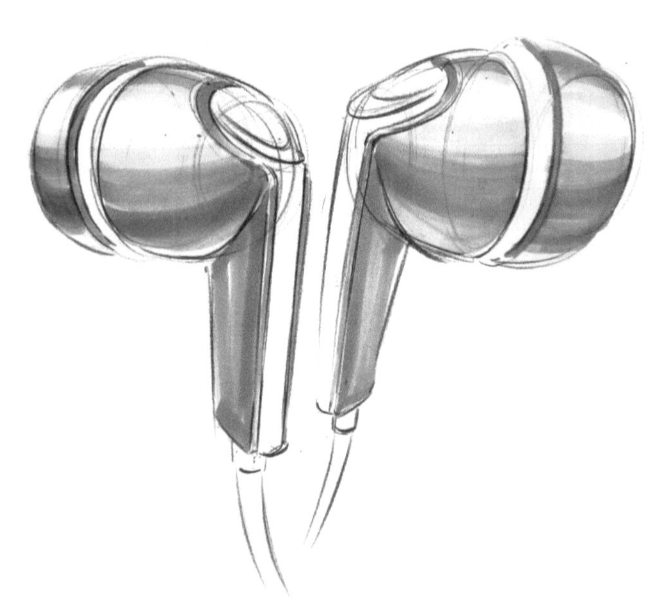

步骤04 用浅灰色马克笔从暗部过渡到亮部，此时整体的基本明暗效果已经表现出来了。

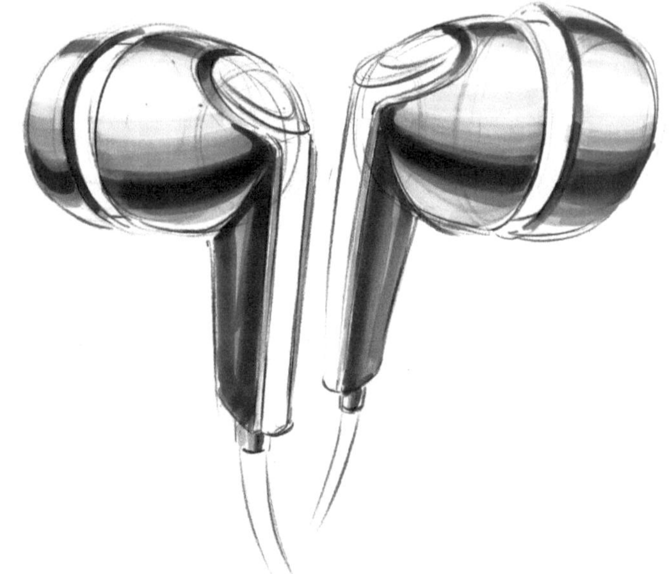

步骤05 用深灰色马克笔加重明暗交界线，使耳机更具有立体感。

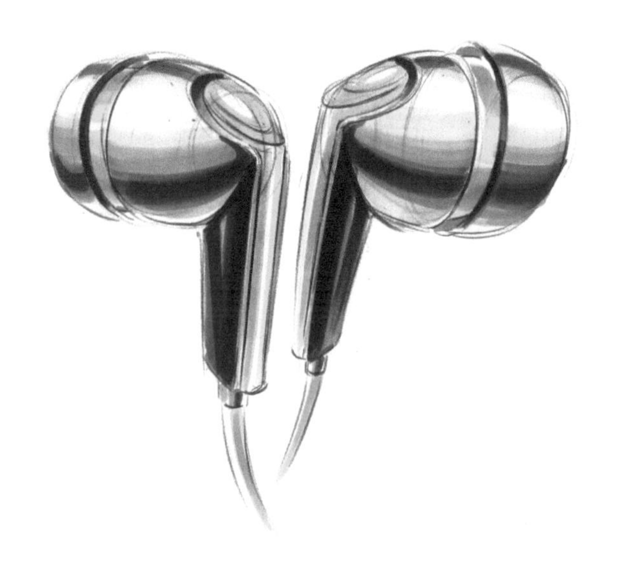

步骤06 用绿色马克笔为装饰结构和耳机线铺上颜色，这一环节轻轻刷一层颜色即可。

使用颜色：

269	271	272	274
24	26	2	5

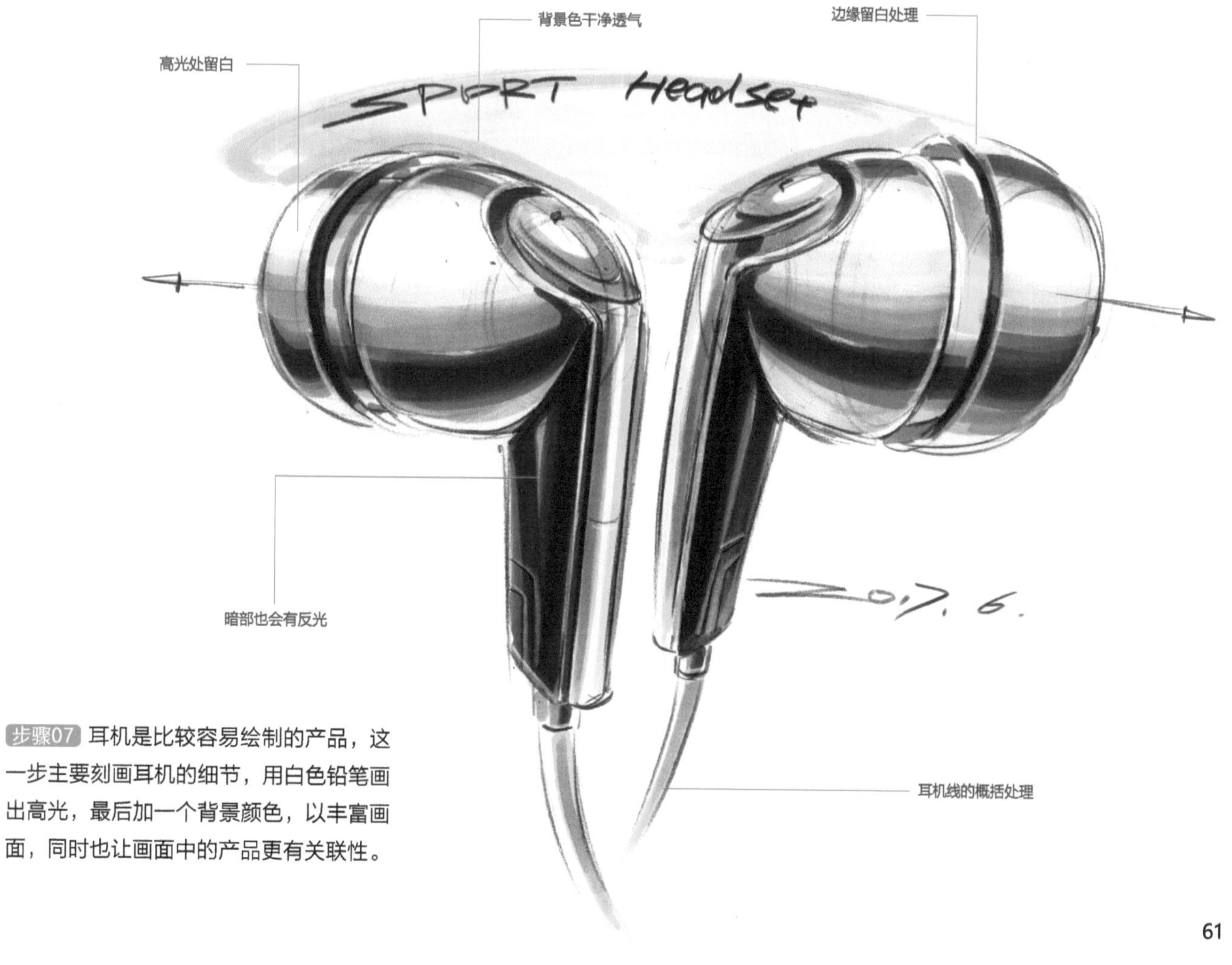

步骤07 耳机是比较容易绘制的产品，这一步主要刻画耳机的细节，用白色铅笔画出高光，最后加一个背景颜色，以丰富画面，同时也让画面中的产品更有关联性。

6.5 时尚耳机设计

步骤01 用轻松的线条将耳机的大致轮廓勾勒出来。先画两个圆柱体，再将它们连起来。

步骤02 修整产品的轮廓线，进一步刻画耳机的整体结构。

步骤03 上色前，线稿不用画得太重。先用浅灰色马克笔将耳机的明暗关系区分出来，要注意概括地铺色。

步骤04 用深灰色马克笔加重暗部和分模线的位置，让产品的结构更清晰。

步骤05 这是比较快速的一个演示，放大耳机的固定条，刻画细节。

步骤06 用蓝色马克笔将耳机的内侧和外侧铺上颜色，可以发现除了颜色不一样外，运笔的方法是一样的。

使用颜色：

269　271　272　274

240　241

颜色过渡层次

平面的结构表现

海绵材质表现

边缘留白处理

I-LAMP

HEADPHONE

2017

步骤07 用深灰色马克笔进一步加重明暗交界线，用马克笔的小笔头刻画耳机的海绵部分，最后加上背景。

6.6 电脑摄像头设计

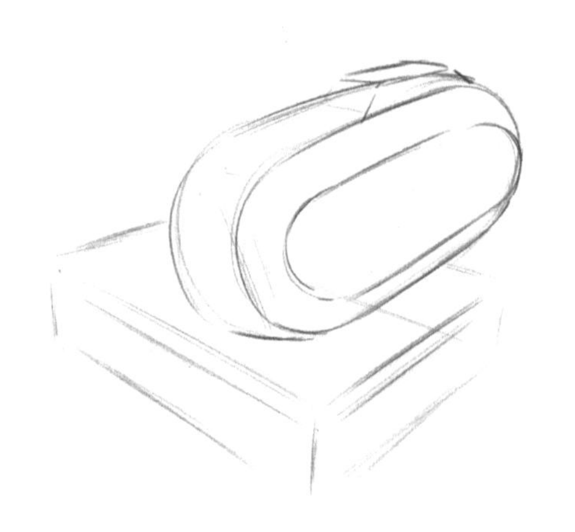

步骤01 先画出透视线，然后跟着透视线画出摄像头的大致轮廓。

步骤02 确定轮廓并加重线条。根据透视图画出前视图。

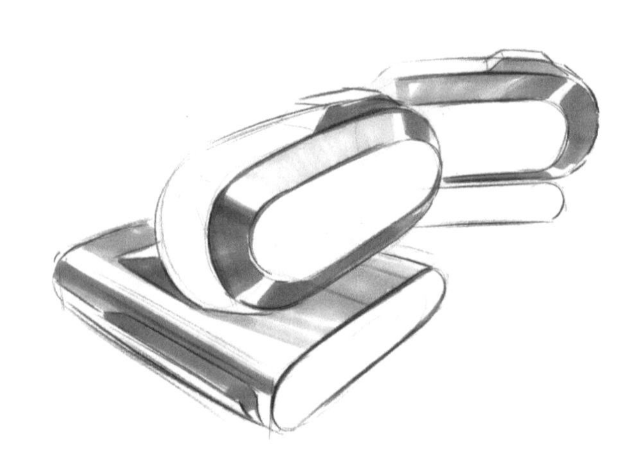

步骤03 大致轮廓完成后用马克笔上色。注意先用浅灰色马克笔将产品的光影概括出来。

步骤04 用不同灰度的马克笔加重和过渡暗部，注意高光处留白。

步骤05 用铅笔修整一下整体的线条。用蓝色马克笔将剩下的结构铺上颜色，要注意光影一致。

步骤06 进一步加重明暗交界线，刻画结构厚度。

步骤07 刻画摄像头的内部细节，注意不要用铅笔过多抠细节，否则太生硬。

使用颜色：

269	271	272	274
240	241	211	5

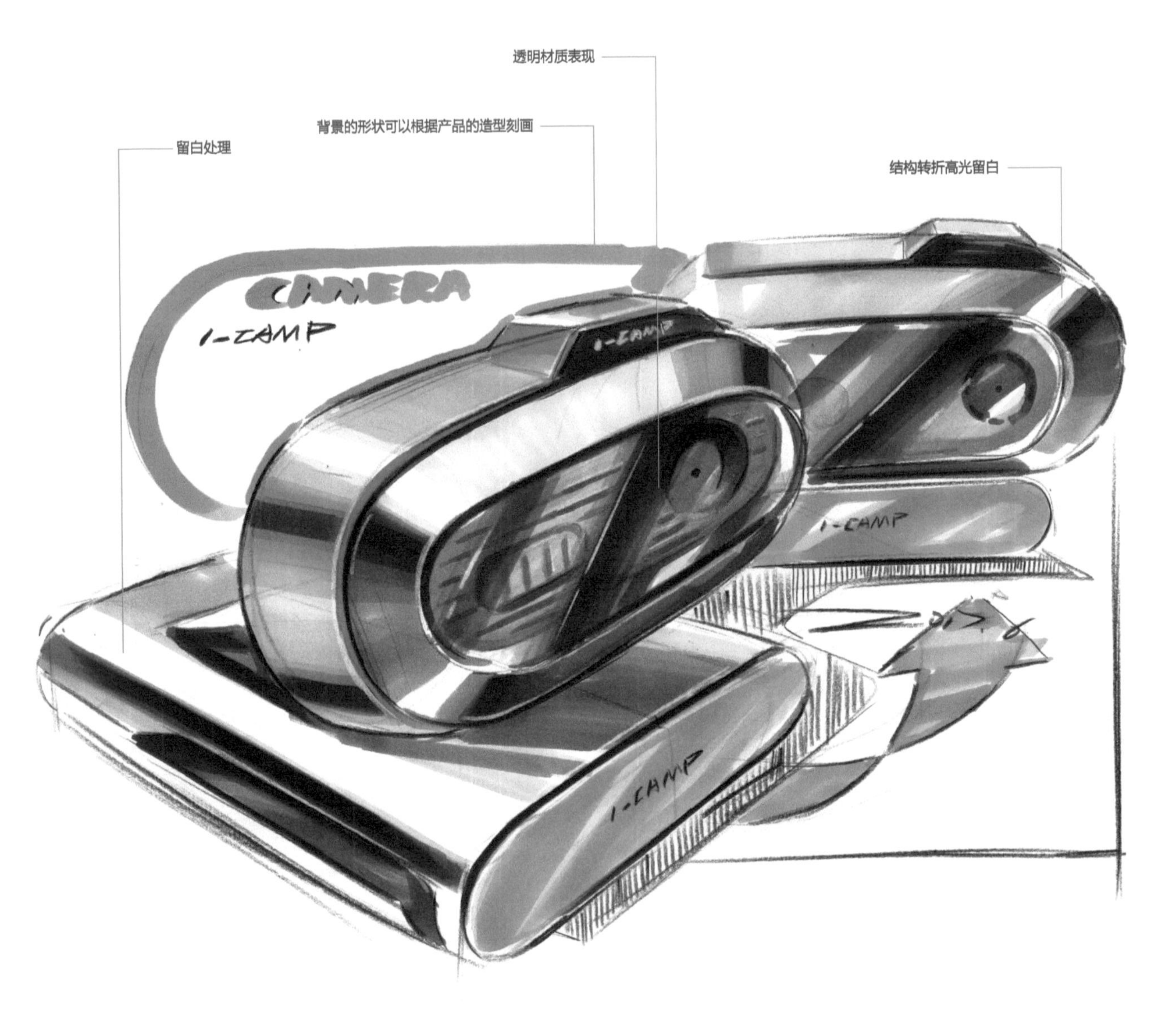

步骤08 给产品画上背景和投影，使画面的内容更有关联性。最后用白色铅笔画上高光，增强产品的光感。

6.7 会议录音器设计

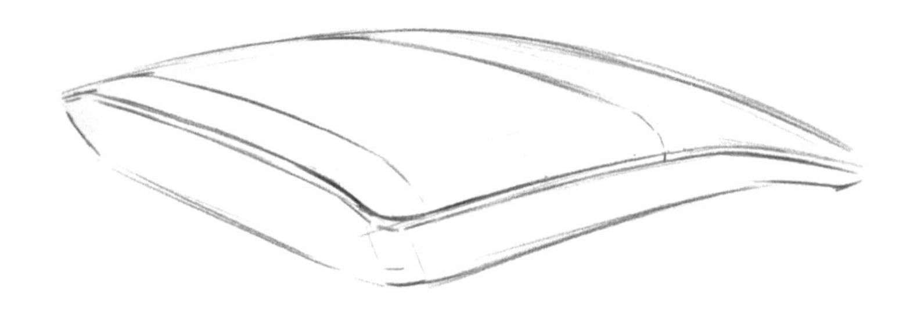

步骤01 先画出产品的线稿，结构厚度要表达清晰，注意透视。

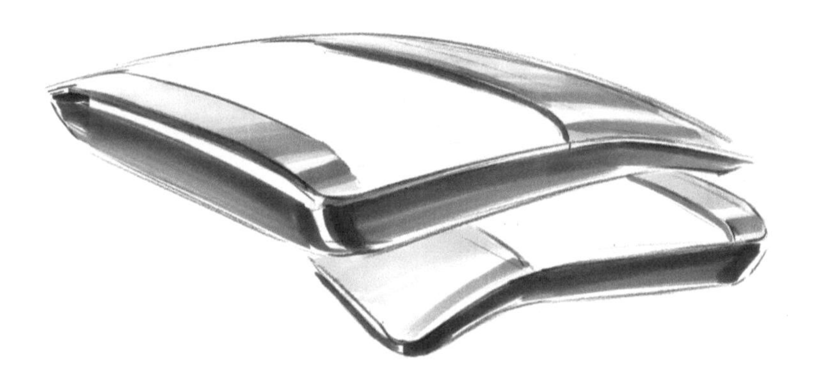

步骤02 用灰色马克笔概括出产品的明暗关系，注意近实远虚。

步骤03 用蓝色马克笔给显示屏铺上颜色。接着画出数据插口和按钮等细节。

使用颜色：

269	271	272	274
240	241	2	5

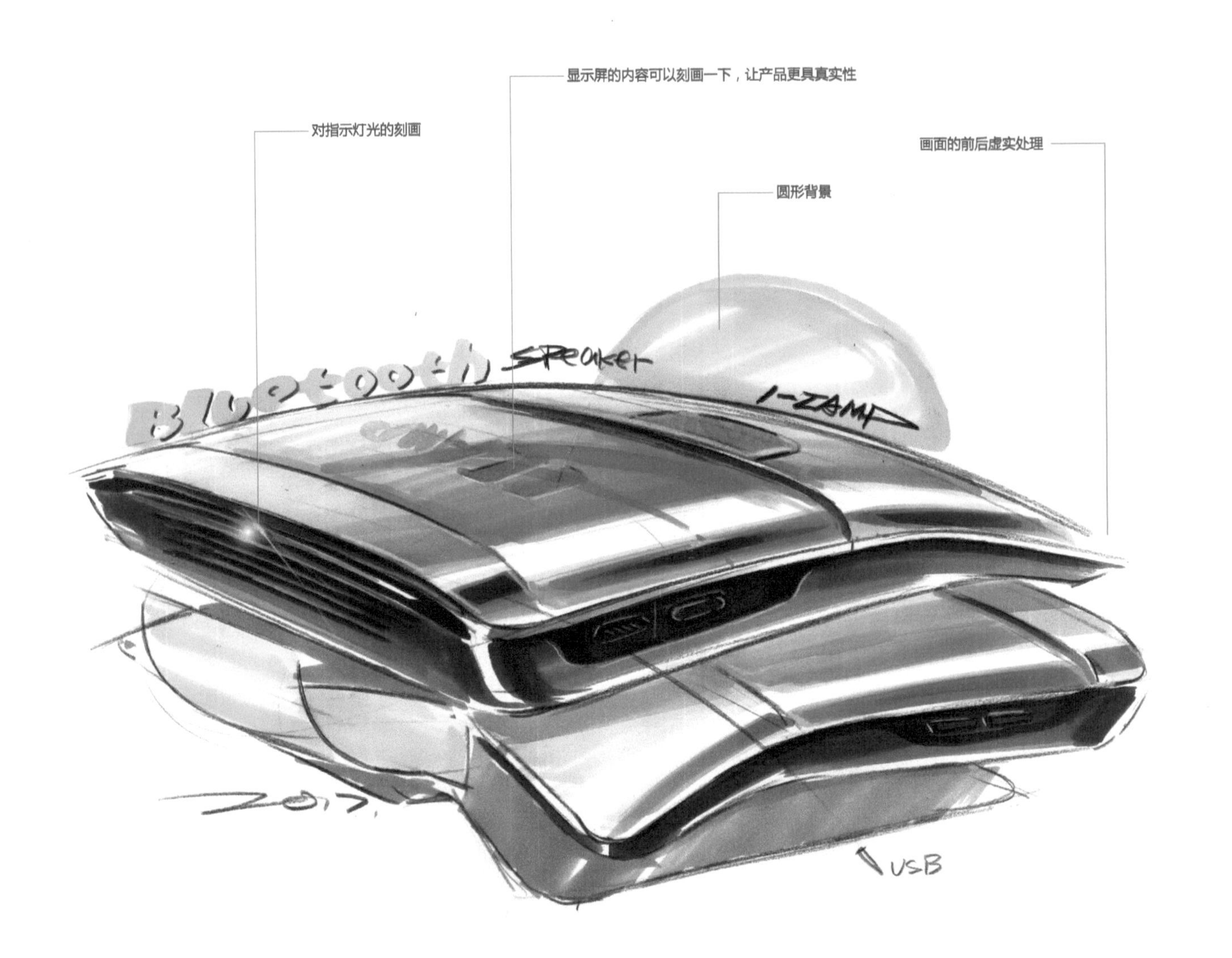

步骤04 整体加重明暗交界线，刻画细节，利用黑色铅笔和白色铅笔刻画分模线的高光，最后给产品写上标题，画上背景。

6.8 摄像机设计

视频：摄像机设计

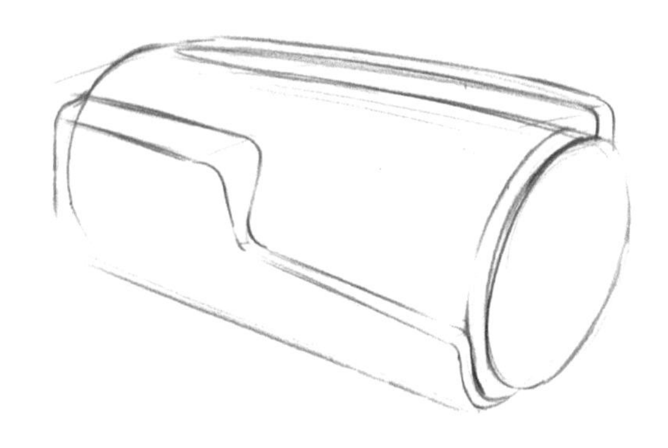

步骤01 起稿，先根据比例画出一个圆柱体，再画出摄像机的特征线。

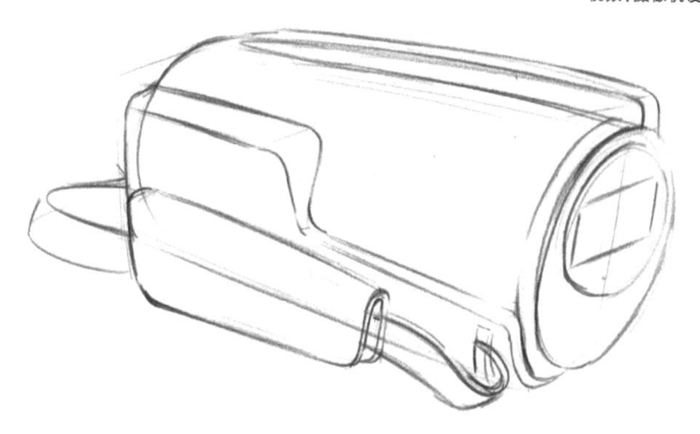

步骤02 完善产品的整体结构，把多余的线条擦干净，准备上色。

步骤03 用灰色马克笔给产品大体铺上颜色，区分出亮、暗面，注意笔速不能太慢。

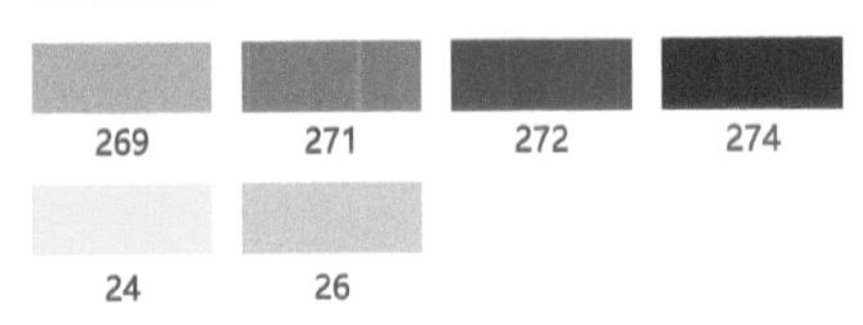

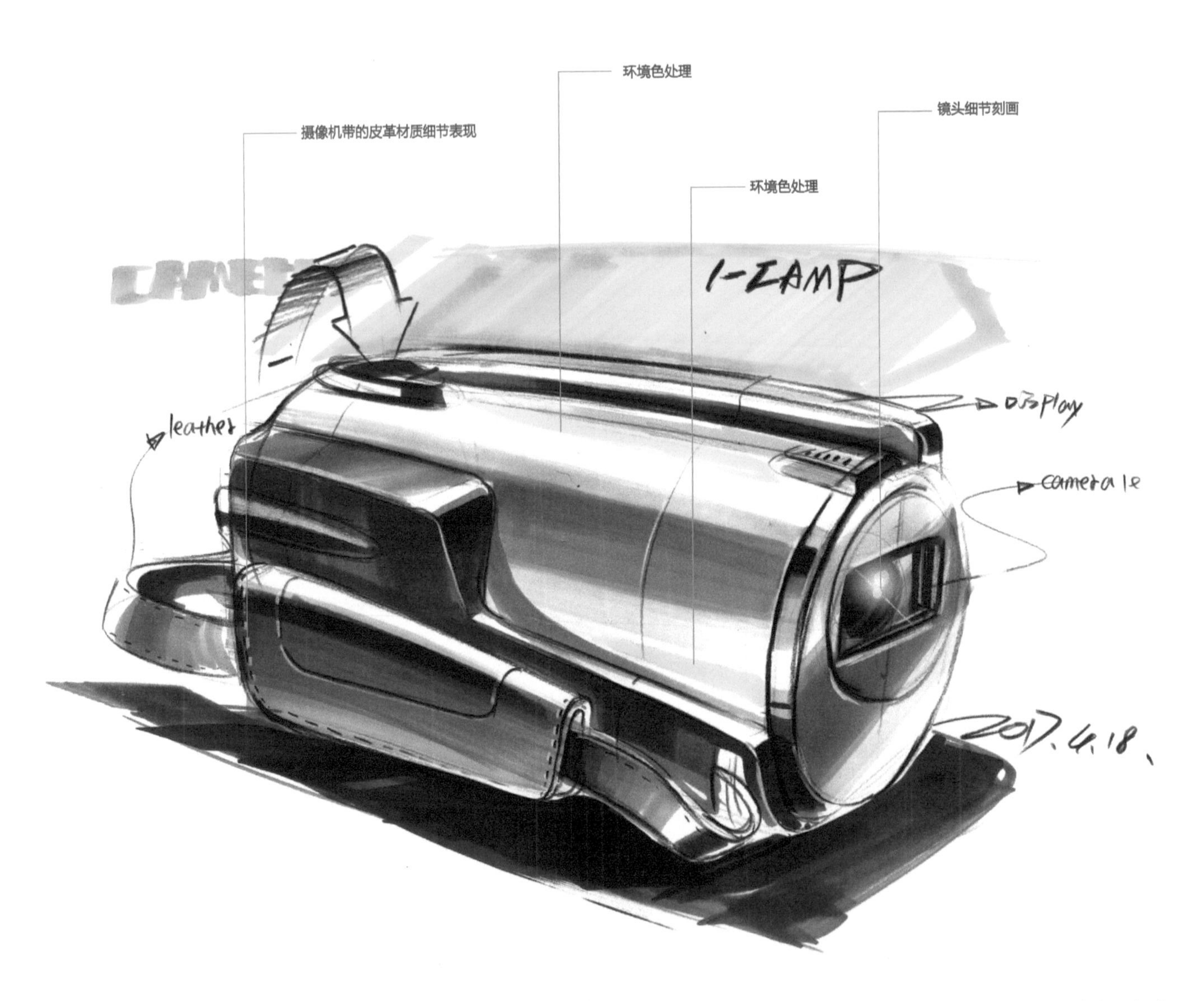

步骤04 加重明暗交界线，增强体积感，并注意刻画镜头及摄像机带子的缝纫细节，然后用白色铅笔画出高光，最后给产品加上背景。

6.9 指纹采集器设计

步骤01 先用轻松的线条概括出产品的轮廓。

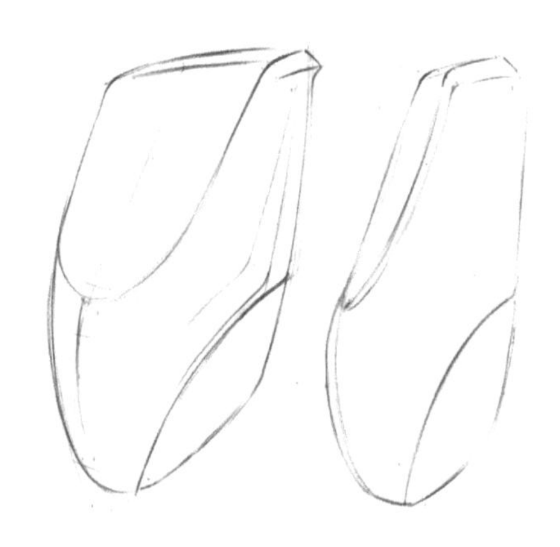

步骤02 根据透视图画出另一个侧视图，线条要简洁。

步骤03 确定轮廓线，画出显示屏等细节结构，注意线条的虚实对比要准确。

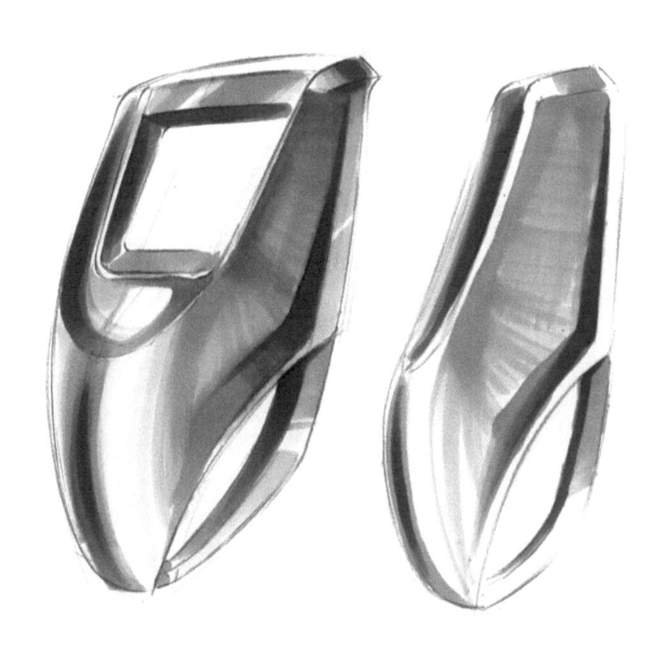

步骤04 定好光源方向，用灰色马克笔铺大体颜色，注意亮暗的过渡要自然。

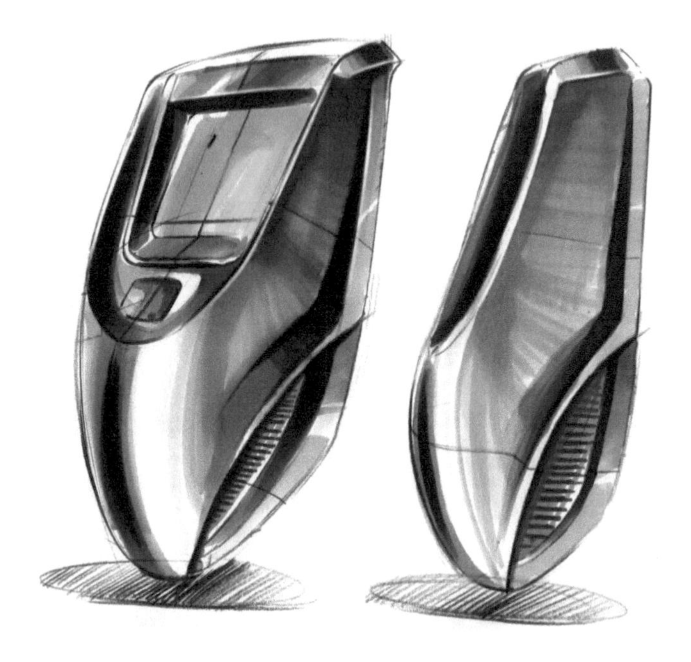

步骤05 加重明暗交界线，刻画显示屏细节，给产品画上投影。

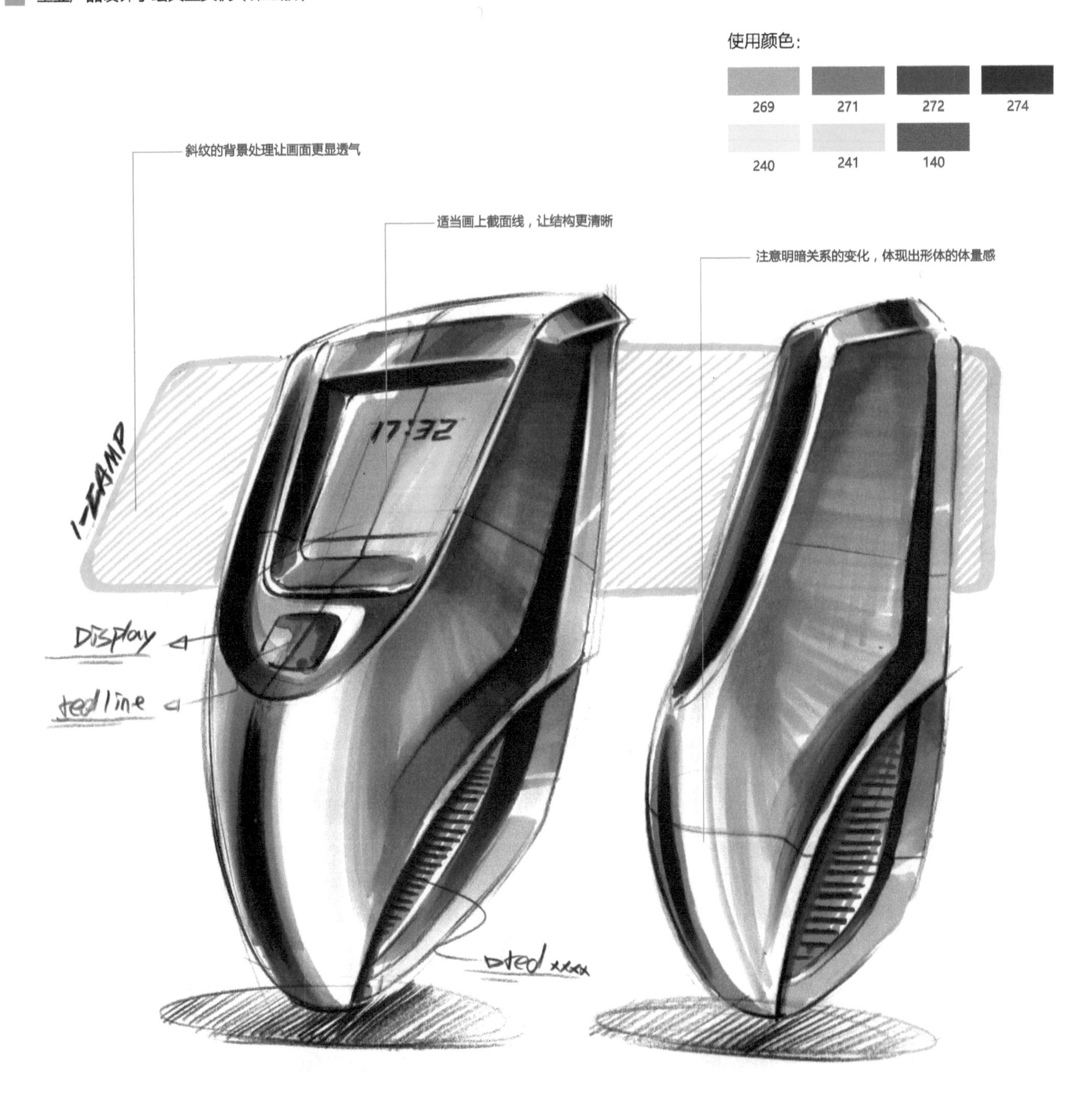

步骤06 刻画细节。用白色高光笔画上高光，然后给产品画上背景，背景用斜线表现，与平涂背景相比更显透气。

第 7 章

电动工具类产品绘制范例

- 7.1 打磨机设计
- 7.2 电动锯子设计
- 7.3 手持式电动锯子设计
- 7.4 电钻设计
- 7.5 园林修枝剪刀设计

7.1 打磨机设计

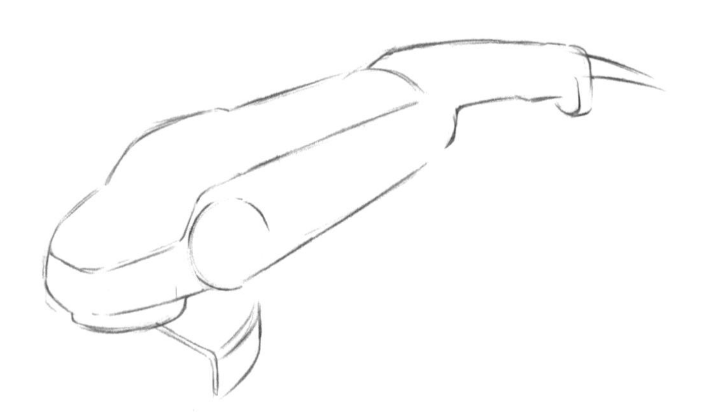

步骤01 先画出产品大致的轮廓。

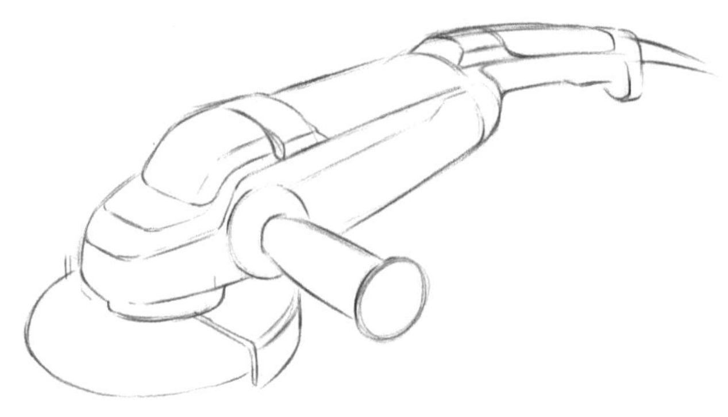

步骤02 画出产品的结构，将结构之间的关系表达清楚。

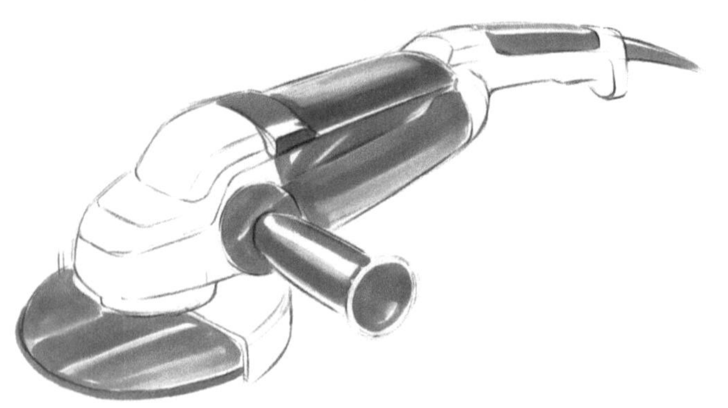

步骤03 确定好产品的光源方向，用灰色马克笔为产品大体铺上颜色。

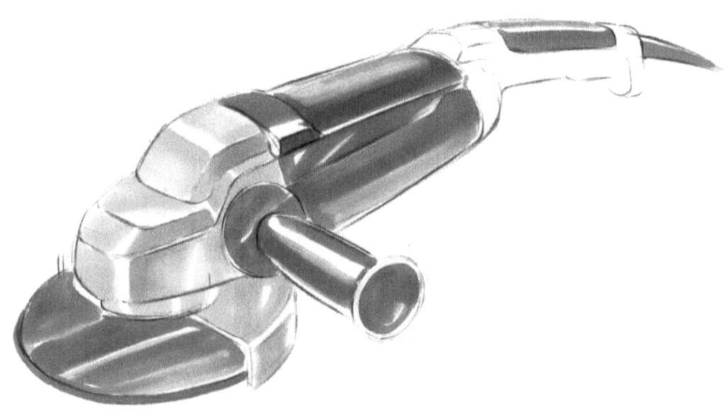

步骤04 继续给产品的结构铺色，注意通过颜色区分产品的材质。

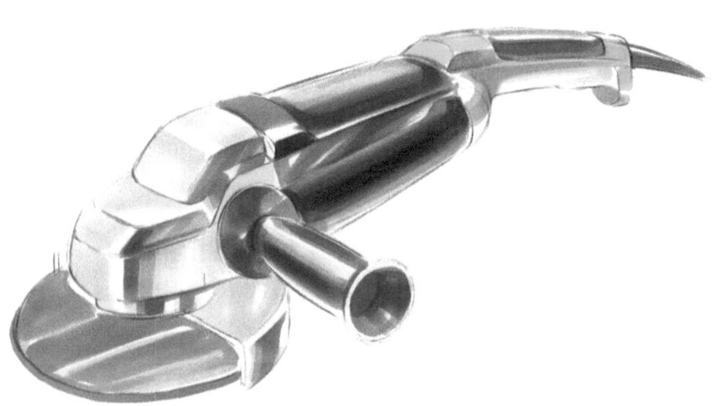

步骤05 整体铺了底色后，加重明暗交界线，加强产品的亮暗对比效果。

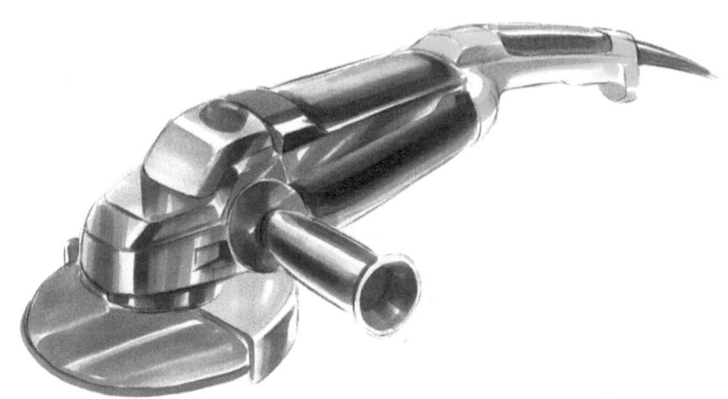

步骤06 用灰色马克笔处理产品前面的金属材质结构，金属材质的反光对比可适当增强。

步骤07 刻画磨砂轮。将磨砂轮当作一个平面去铺色，注意在运笔的时候适当过渡一下。

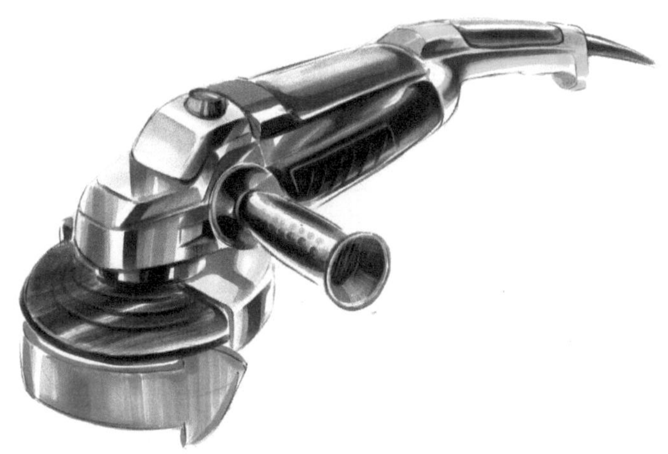

步骤08 产品的基本明暗关系已表现出来，接下来进行细节刻画。注意不要过多在意细节。

使用颜色：

269	271	272	274
253	26	5	241

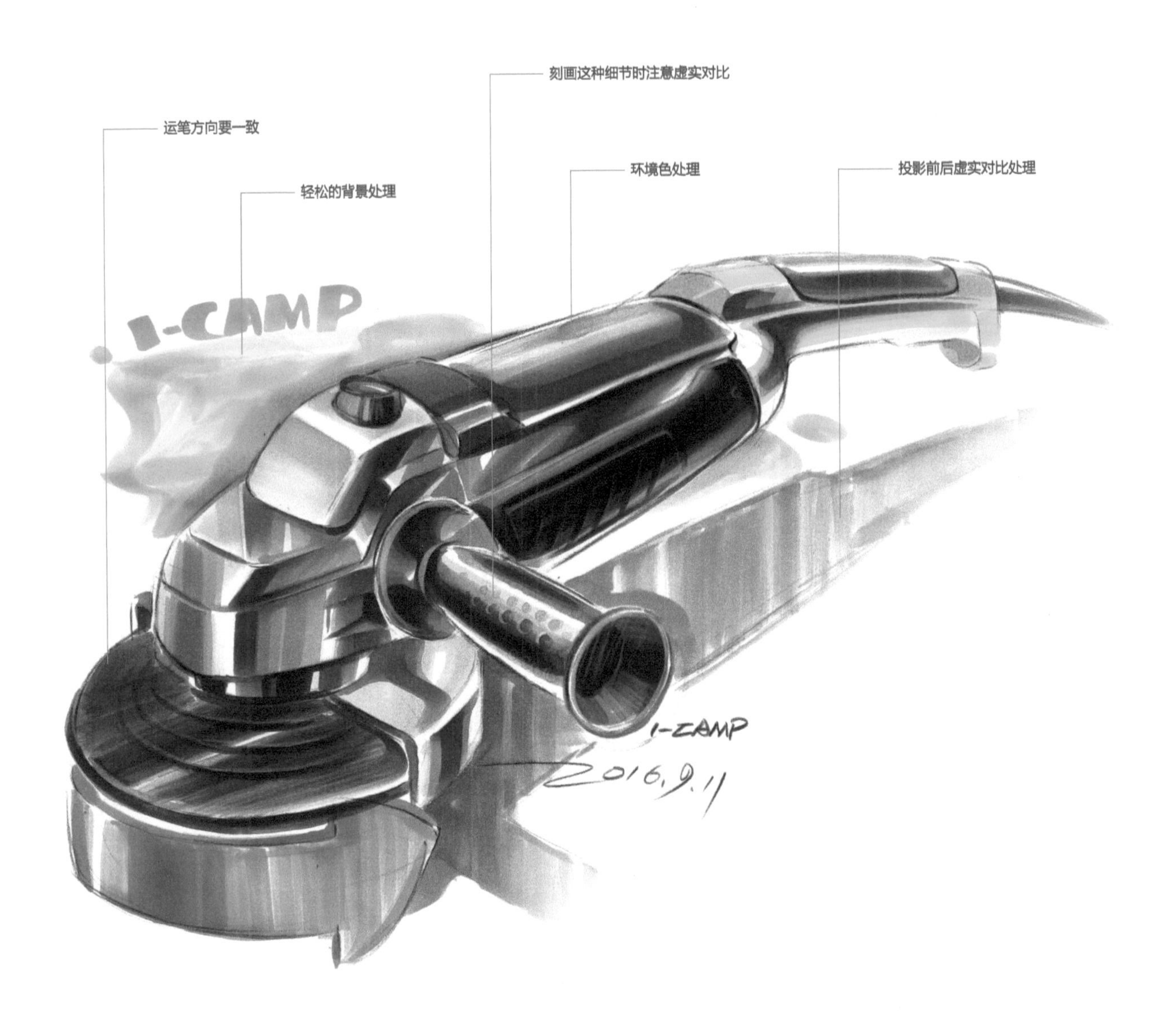

步骤09 给产品画上背景和投影。选择背景色时注意结合产品的主要颜色，明度不要太高。最后用白色高光笔在结构转折处和分模线的位置画上高光。

7.2 电动锯子设计

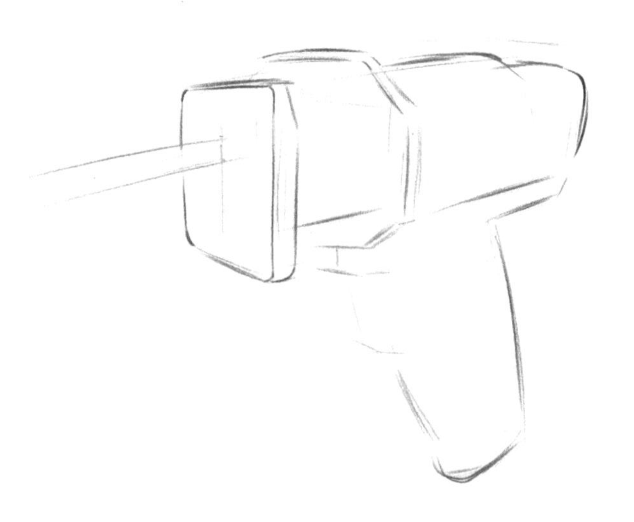

步骤01 起稿，用轻松的线条根据产品的形状特点勾勒出大致的轮廓。

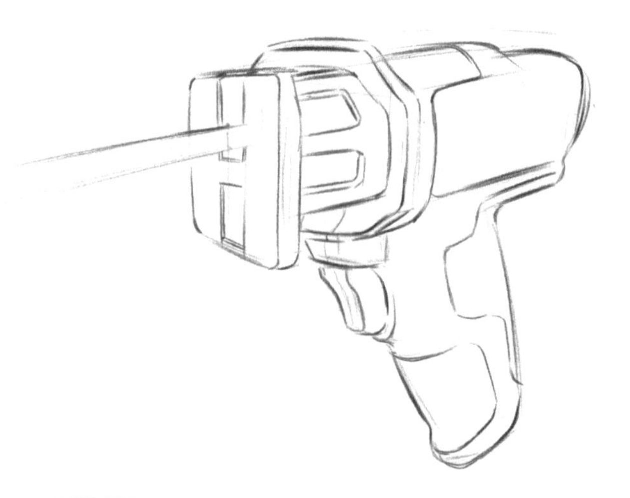

步骤02 将断断续续的线连接好。画表面的结构时，线条要细。

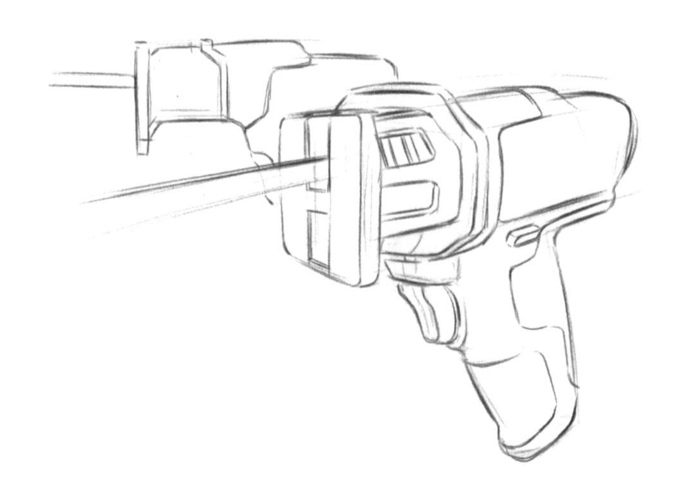

步骤03 根据透视图画出产品的侧视图，把脏乱的线条擦干净，准备用马克笔上色。

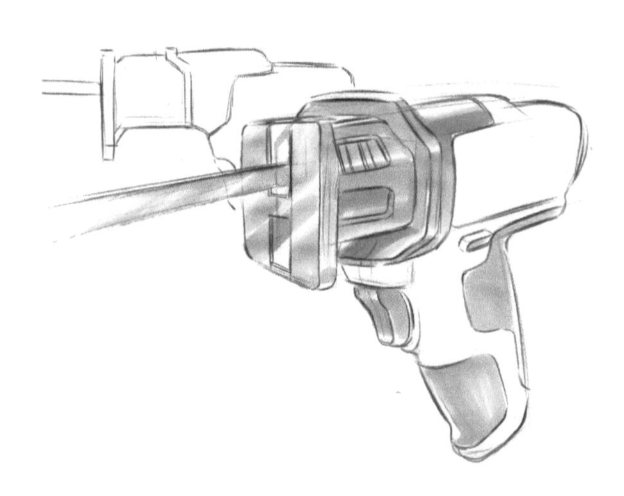

步骤04 用灰色马克笔将产品的灰色部分铺上颜色，注意笔触不要多次重复，否则会把纸张弄皱，影响层次感。

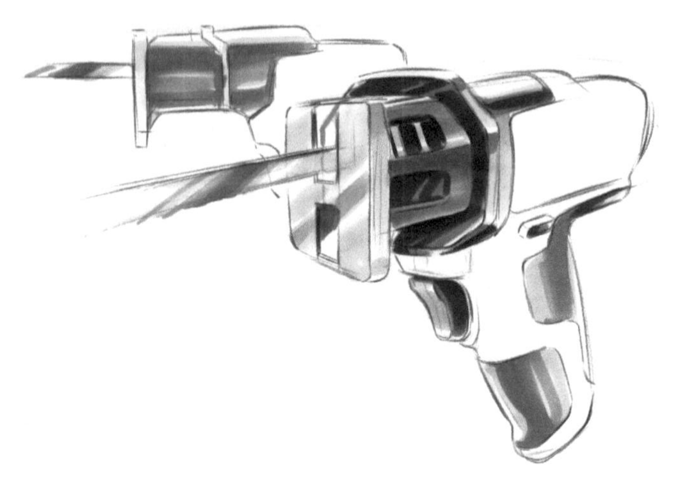

步骤05 用同样的方法把侧视图也铺上颜色，用颜色深一点的马克笔加重暗部结构。

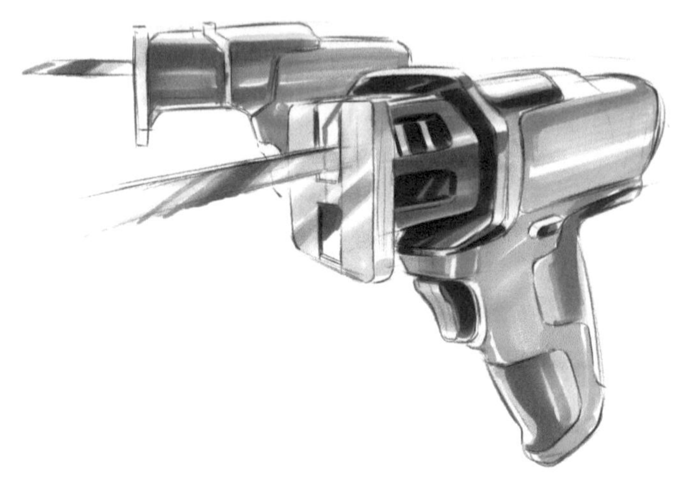

步骤06 根据光源的方向，用橙色马克笔给中间部分铺上颜色，注意控制好笔触。

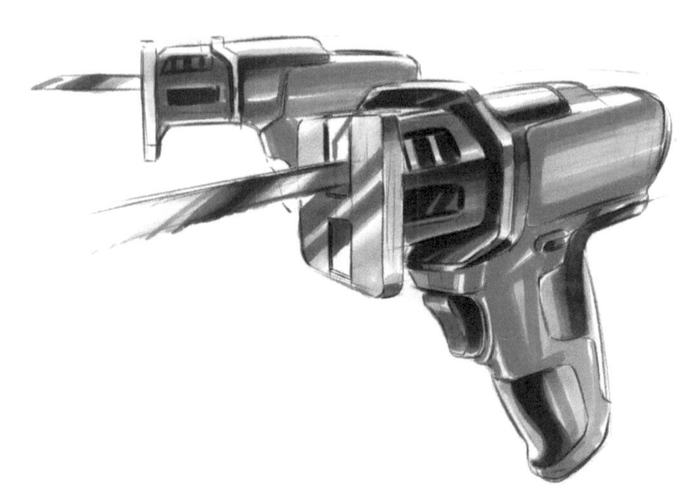

步骤07 进一步加重明暗交界线，增强亮暗对比，注意边缘虚化和留白处理。

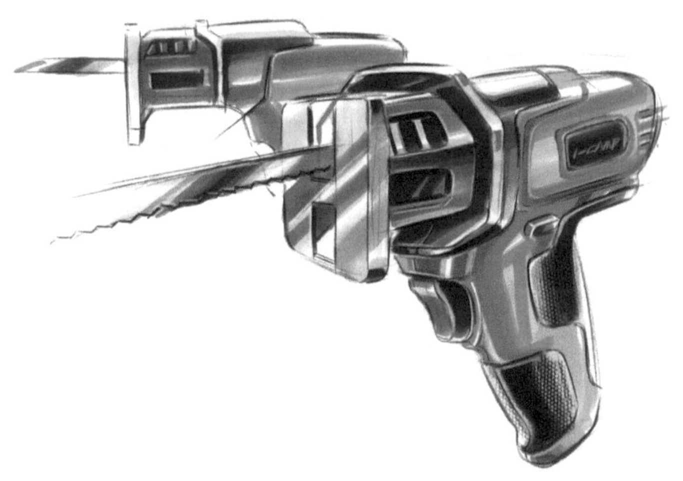

步骤08 刻画细节。可以借助肌理板画出把手的纹理效果。

使用颜色：

269	271	272	274
253	255	158	160

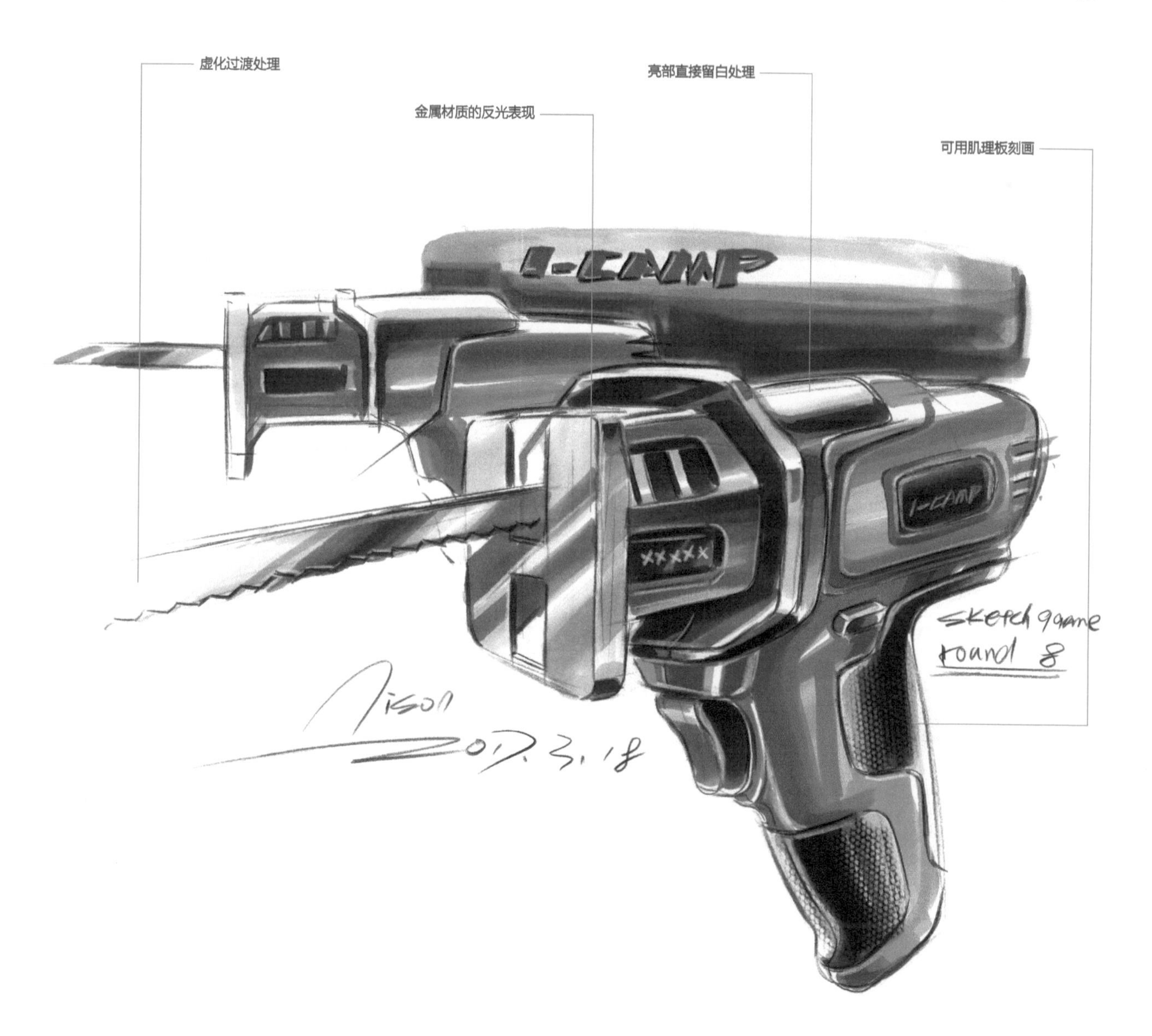

步骤09 给产品画上背景，增强画面的空间感。最后用白色铅笔在分模线处及结构转折处画上高光。

7.3 手持式电动锯子设计

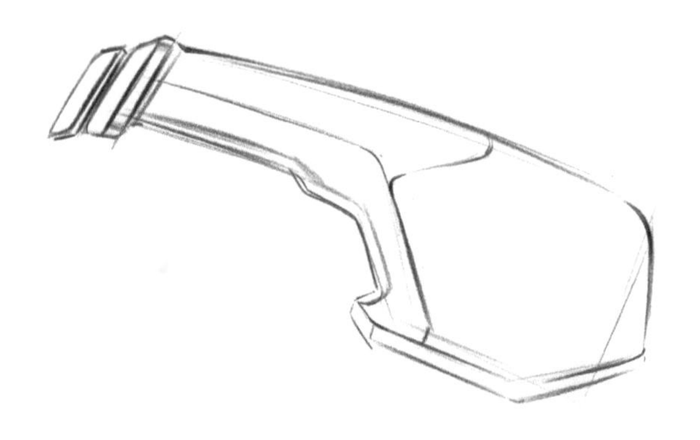

步骤01 根据产品呈现的视角快速画出大致的轮廓。

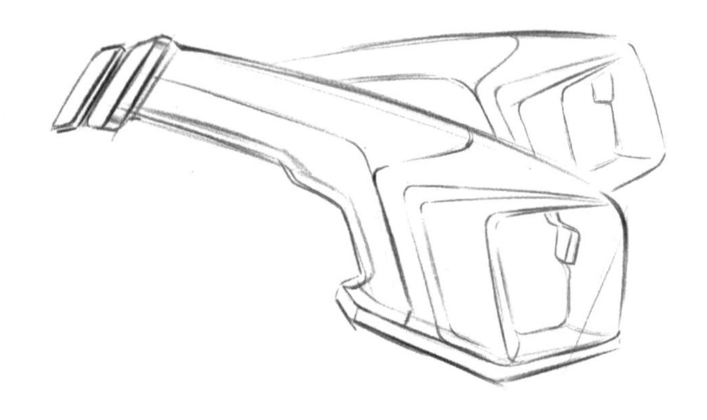

步骤02 确定产品造型，画出产品表面结构，根据透视图画出侧视图。

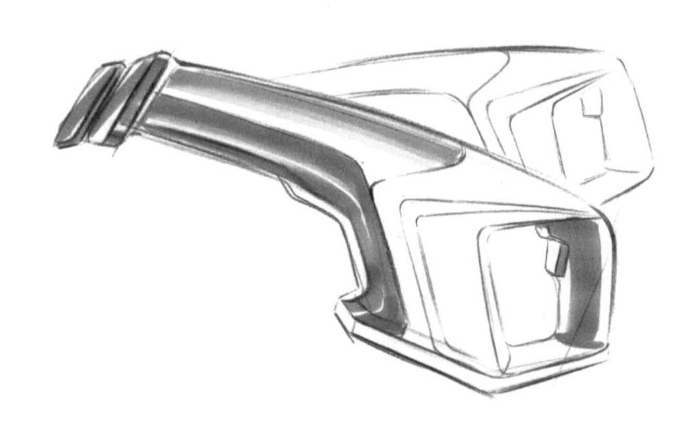

步骤03 用灰色马克笔快速地将产品的明暗关系区分出来，注意留白。

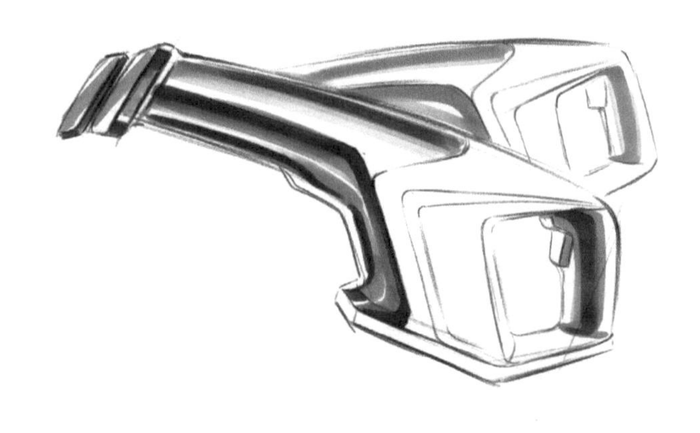

步骤04 用同样的方法给侧视图铺上颜色，然后加重产品的明暗交界线。

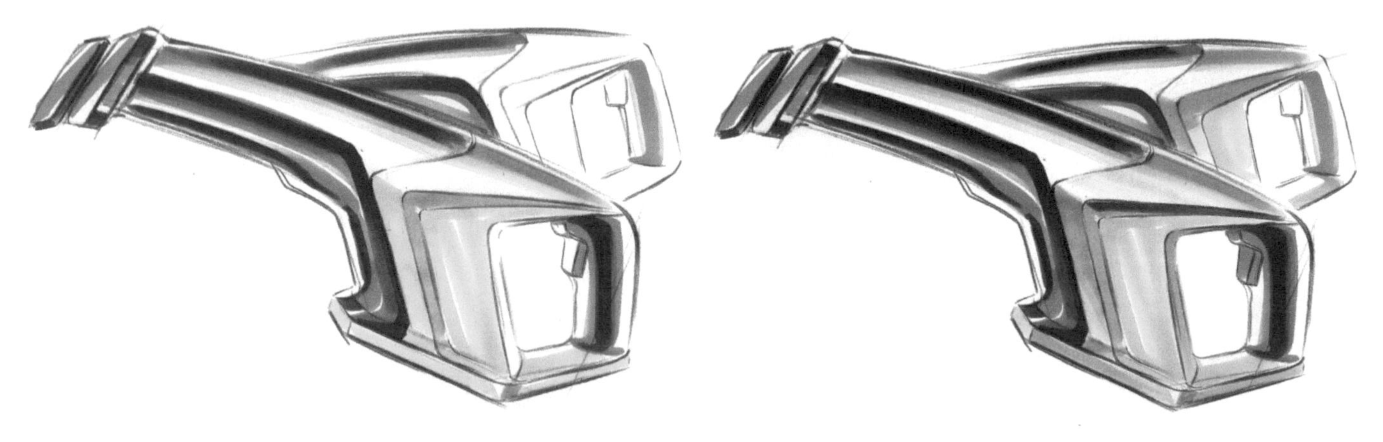

步骤05 用绿色马克笔给把手部分铺上颜色，注意颜色的过渡要自然，运笔要果断。

步骤06 进一步加重产品的明暗交界线，慢慢会看到颜色的层次。用铅笔修整一下被马克笔涂掉的结构线。

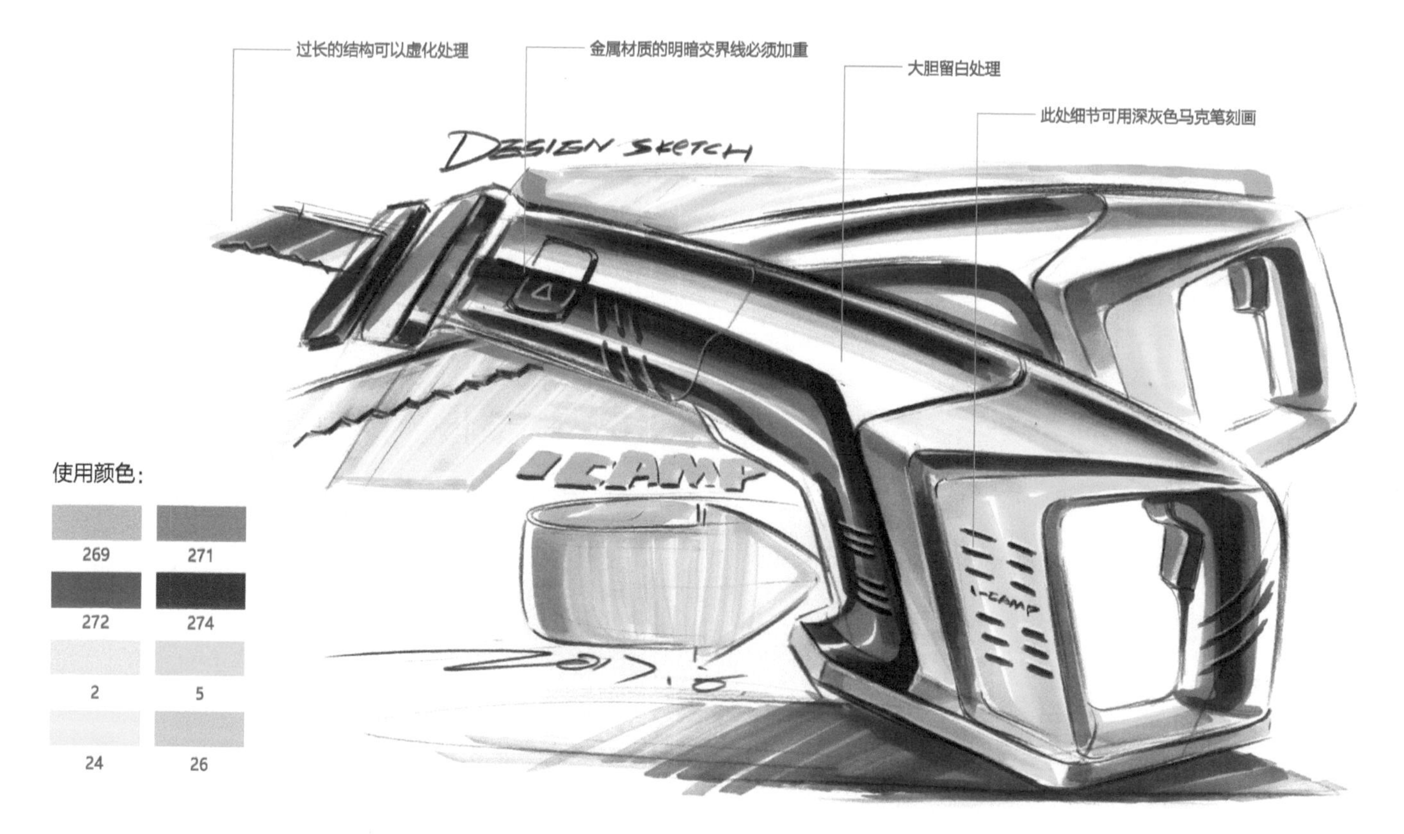

步骤07 用白色高光笔给产品的分模线和亮暗转折处画上高光，然后给产品画上背景。注意背景颜色要处理得清爽干净，以增强画面的整体性。

7.4 电钻设计

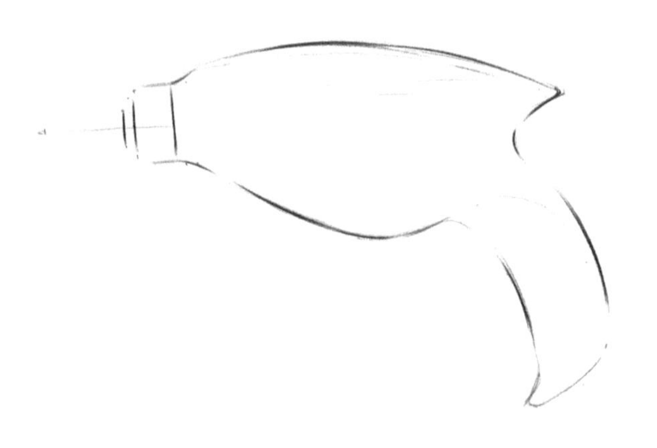

步骤01 利用轻松的线条将产品的大致轮廓勾勒出来，注意产品的比例要正确。

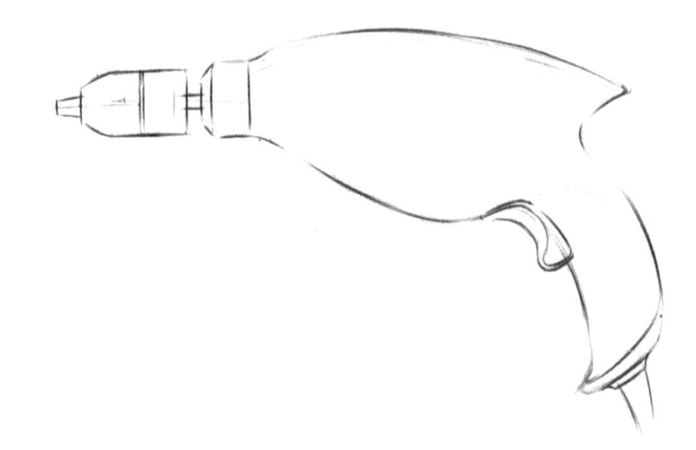

步骤02 根据比例关系画出产品的结构，绘制顺序为从大到小，从外到内。

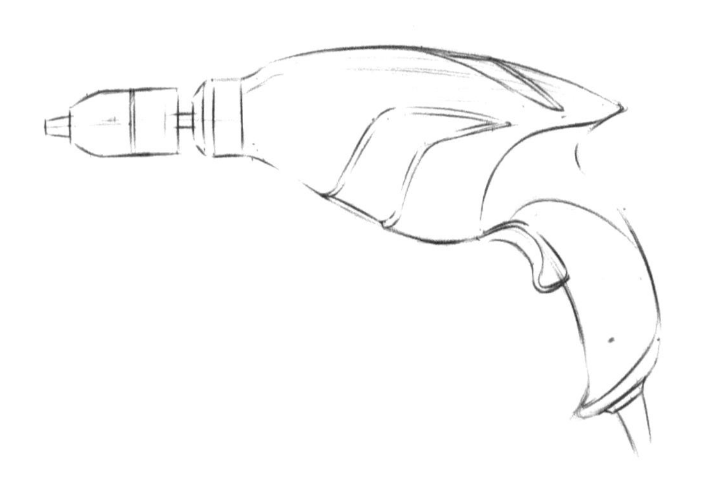

步骤03 画出产品的特征线，注意结构线的走向要跟着整体结构变化。擦去多余的线条，准备上色。

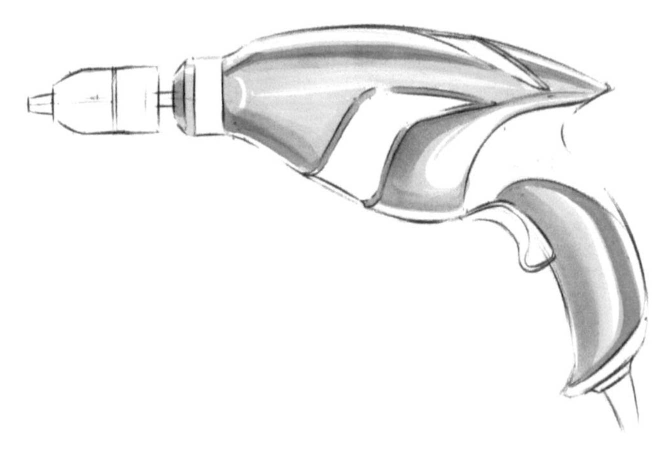

步骤04 产品的颜色以蓝色为主，先用浅蓝色马克笔根据结构线的走向铺上颜色。

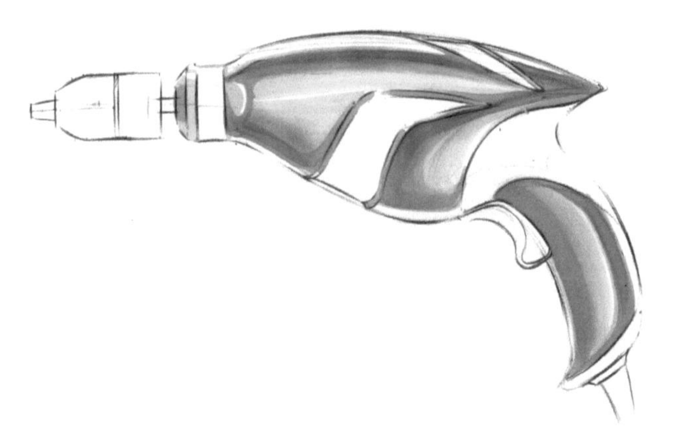

步骤05 加重明暗交界线，控制好运笔速度和笔触的位置，尽量不要涂出界。

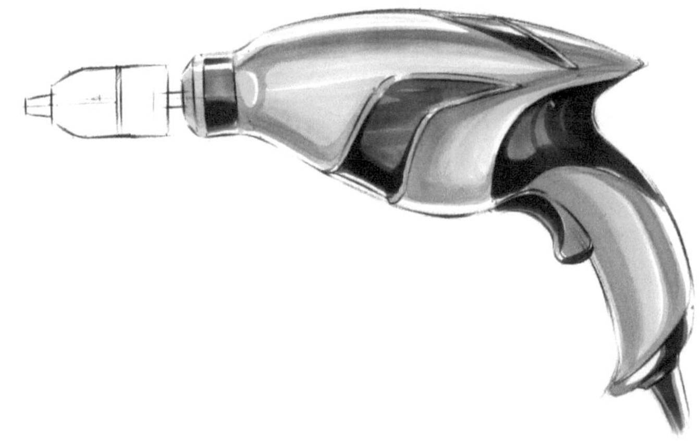

步骤06 用灰色马克笔将灰色部分铺上颜色，注意运笔的方向要跟着整体结构变化。

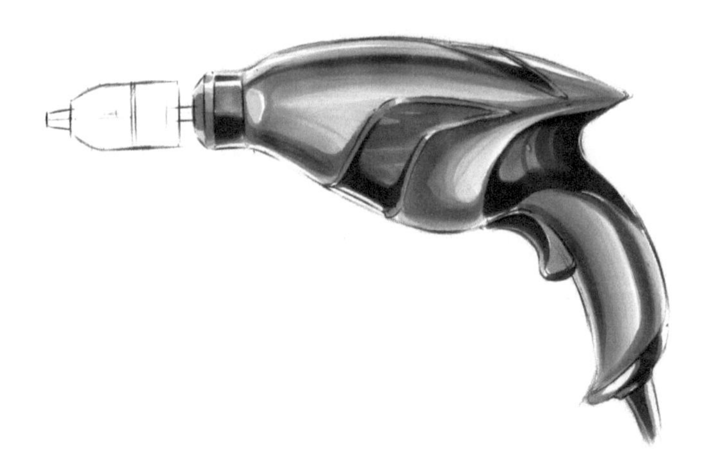

步骤07 进一步加重明暗交界线，用蓝灰色马克笔加重蓝色部分的暗部，注意加重的面积不能太大。

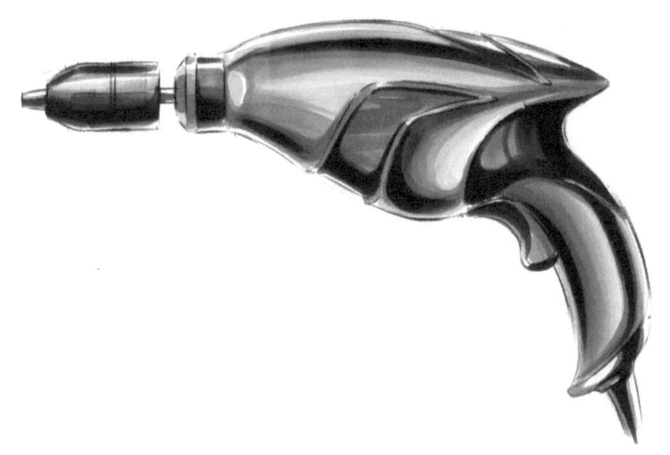

步骤08 把电钻的前端也铺上颜色，注意整体结构的光影位置要统一。

使用颜色：

269　271　272　274

5　240　241

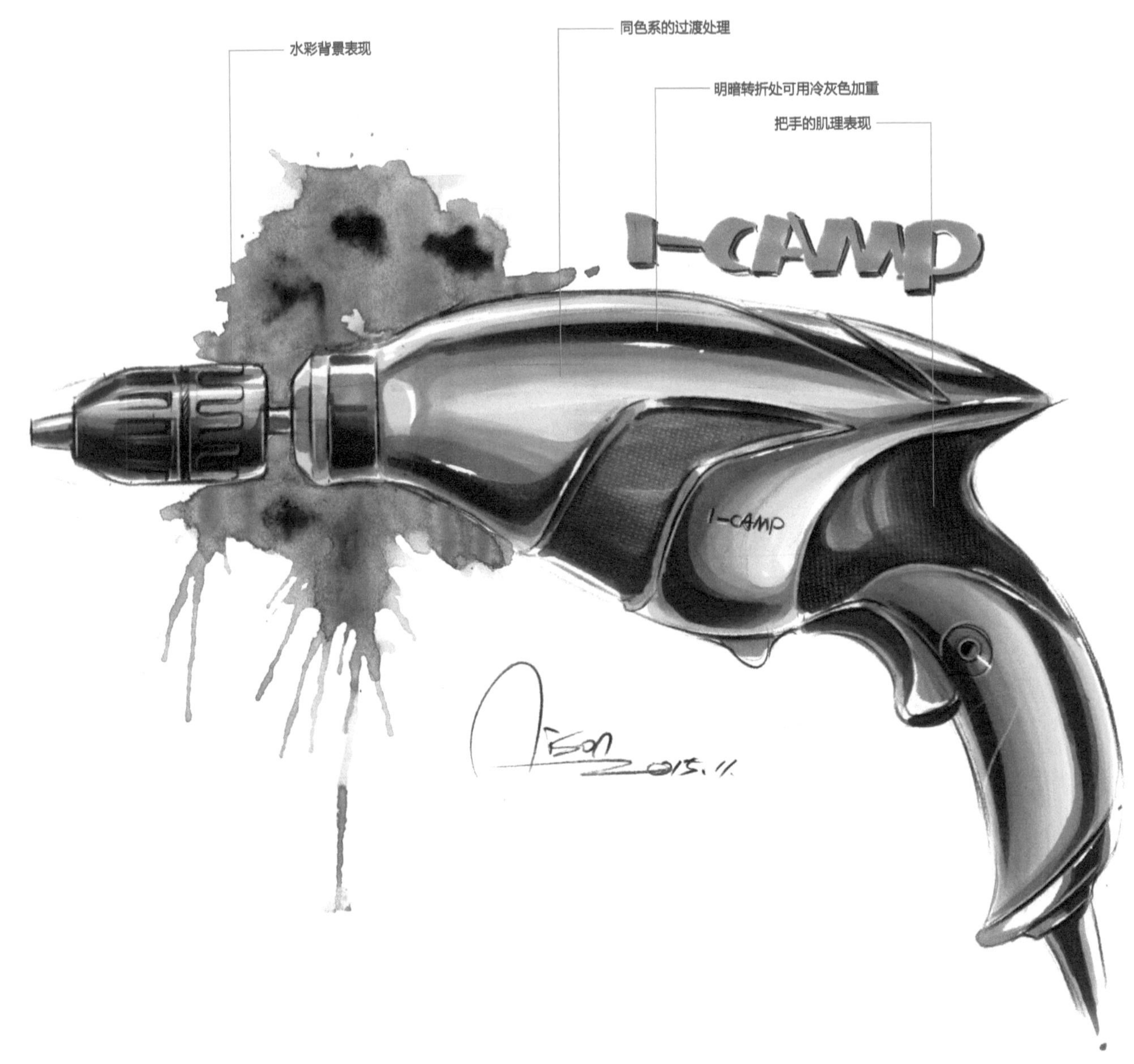

步骤09 背景是用水彩画的，可以尝试一下。最后用白色高光笔加上高光，不用点得太多，以免弄花整体画面。

7.5 园林修枝剪刀设计

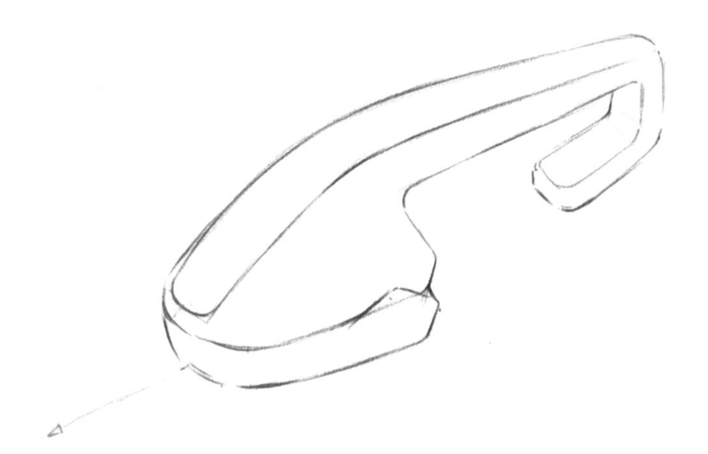

步骤01 先画出产品大致的轮廓。

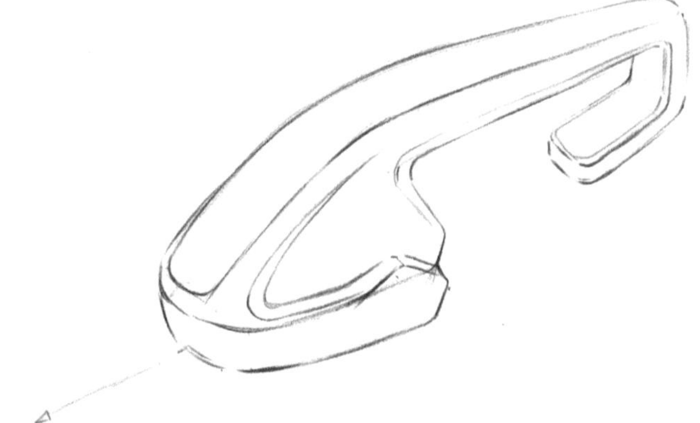

步骤02 确定整体造型并加重线条，注意线条要干净、流畅。

步骤03 用马克笔上色，先概括产品的形体，注意笔触要轻松，但要控制好，不要画出界。

步骤04 将剩下的空白结构用绿色马克笔铺色，注意笔触的连贯性。

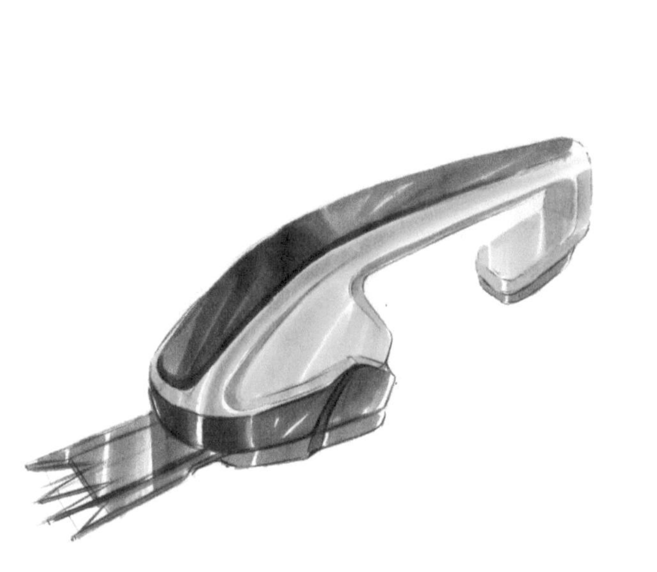

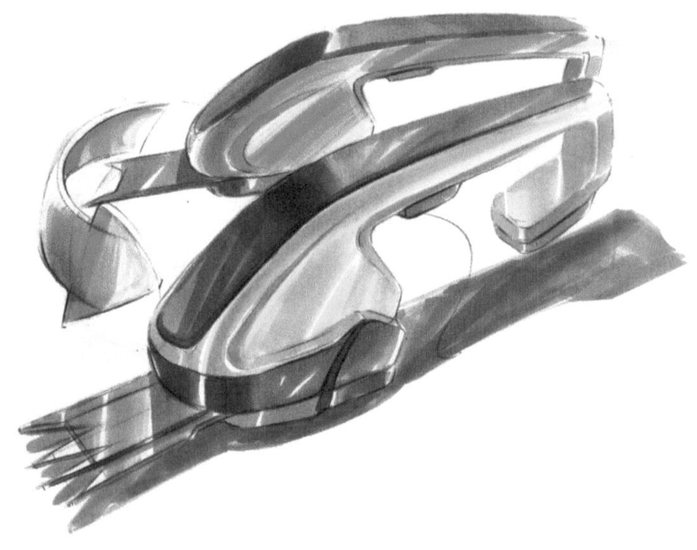

步骤05 用深一点的绿色加重暗部，根据产品的大体结构画出剪刀细节部分。

步骤06 根据透视图的造型画出侧视图，用马克笔铺色。

步骤07 用铅笔修整产品的结构线，让结构关系更清晰，然后刻画局部细节。

使用颜色：

269	271	272	274
24	26	158	160

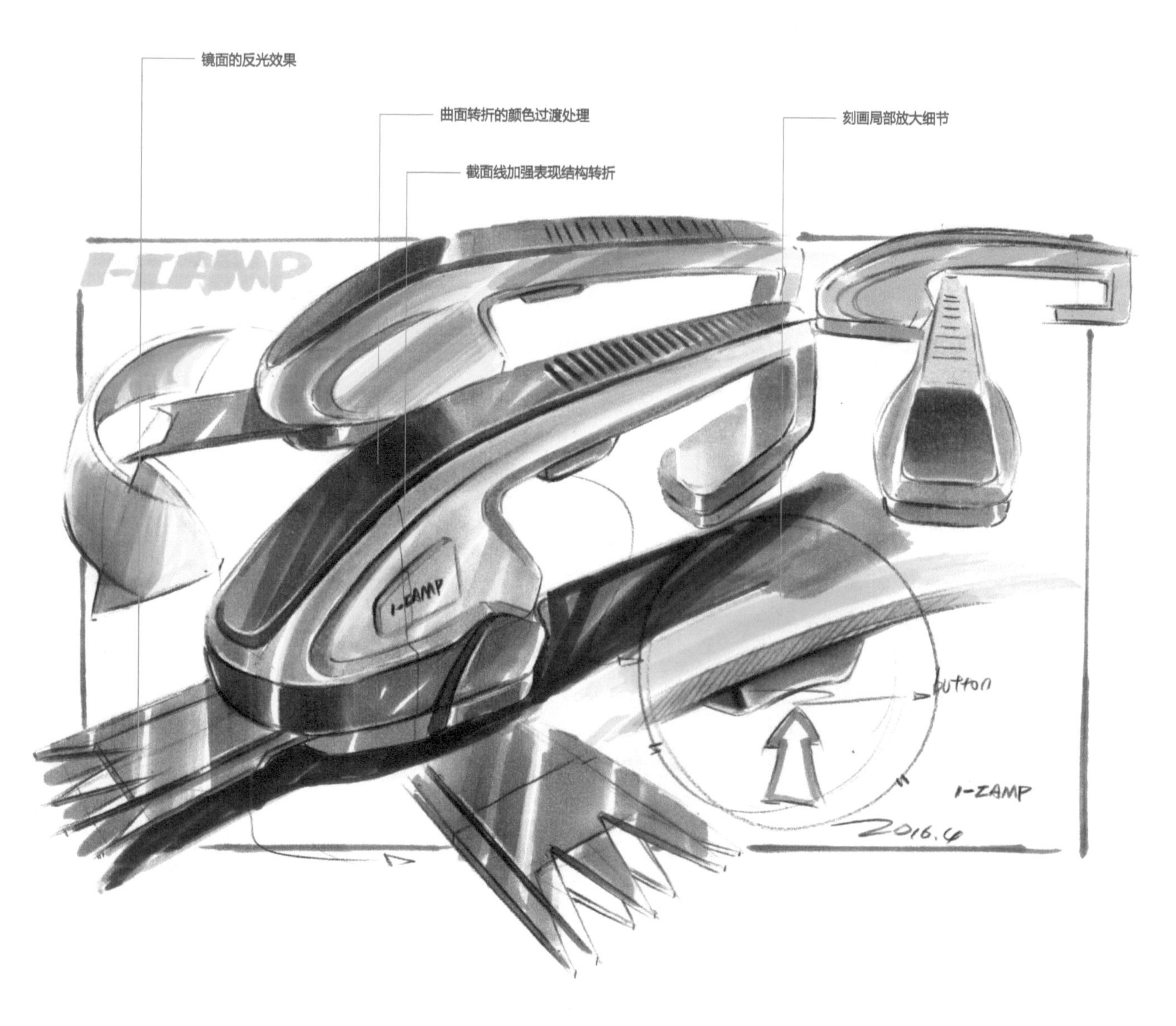

步骤08 再次加重明暗交界线，画出把手顶部的肌理细节。最后用白色铅笔画出高光。

第 8 章

家用电器类产品绘制范例

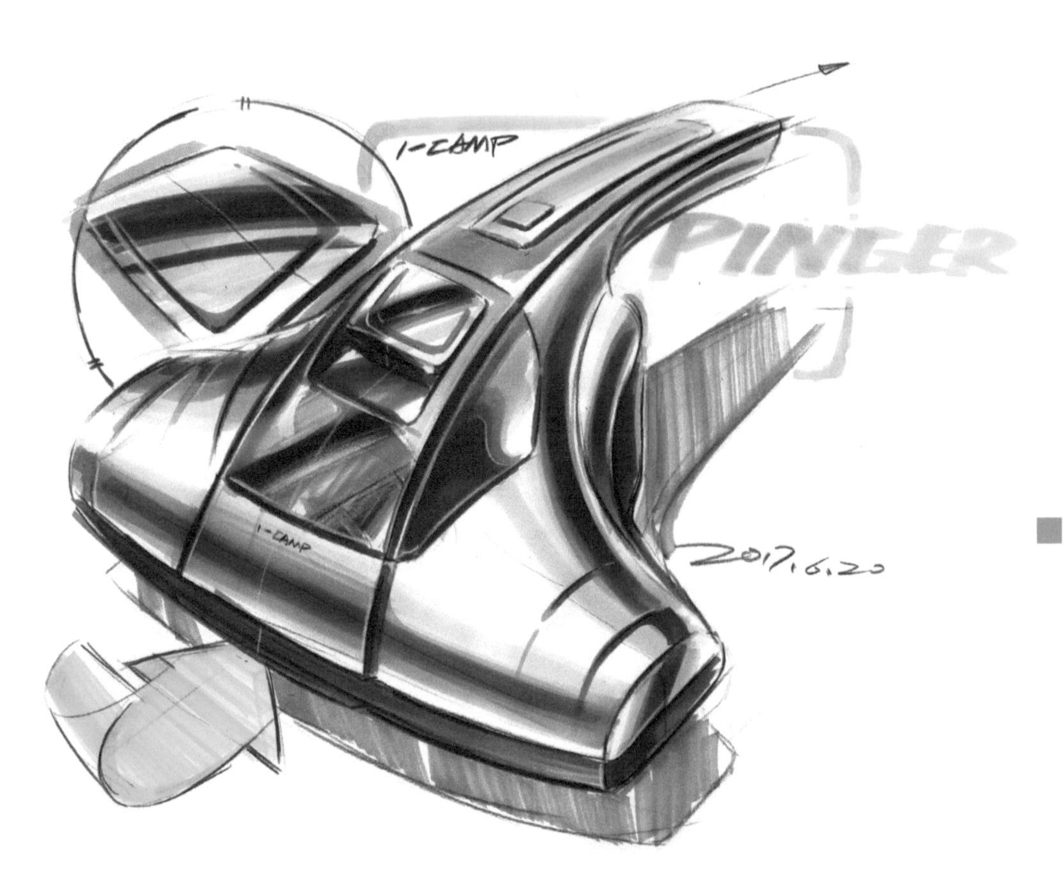

8.1 电吹风设计

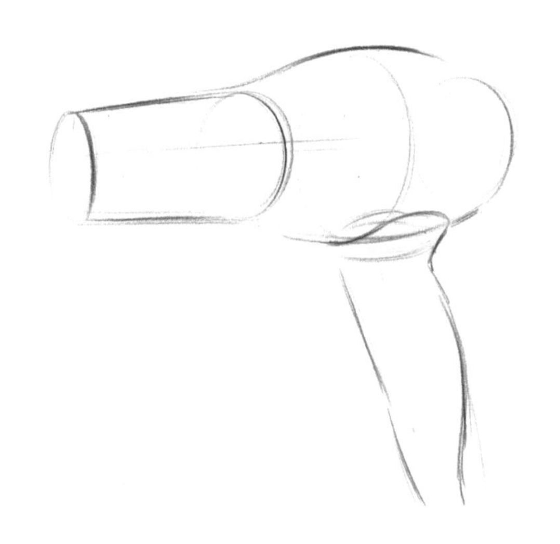

步骤01 先画出不同大小的圆形，再连接起来，注意圆的透视效果。

步骤02 确定外轮廓线并用铅笔加重，画出结构特征。

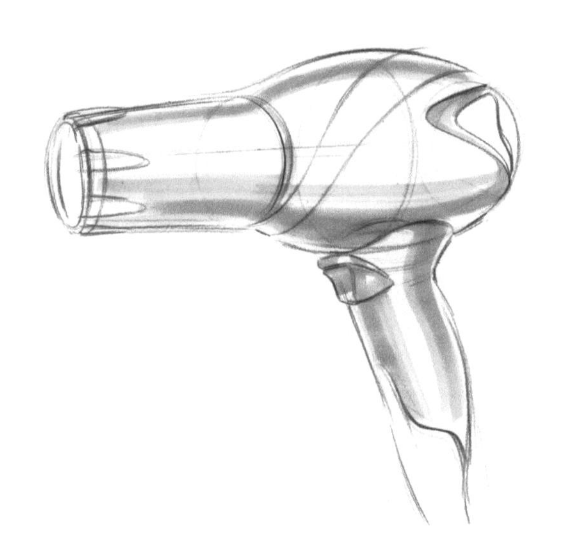

步骤03 线稿不需要画太多线条，结构线确定后开始上色。先用浅灰色马克笔区分出产品的明暗关系。

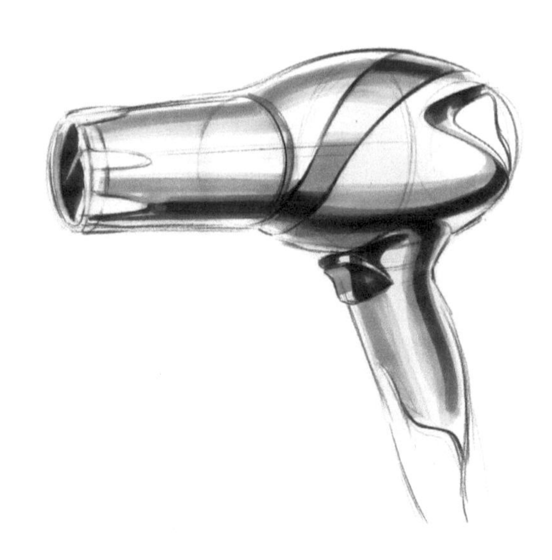

步骤04 加重明暗交界线，注意亮部与暗部的过渡，要体现形体的层次。

步骤05 铺上颜色后，用尖头的铅笔再刻画一下细节，特别是对分模线和小厚度的刻画。

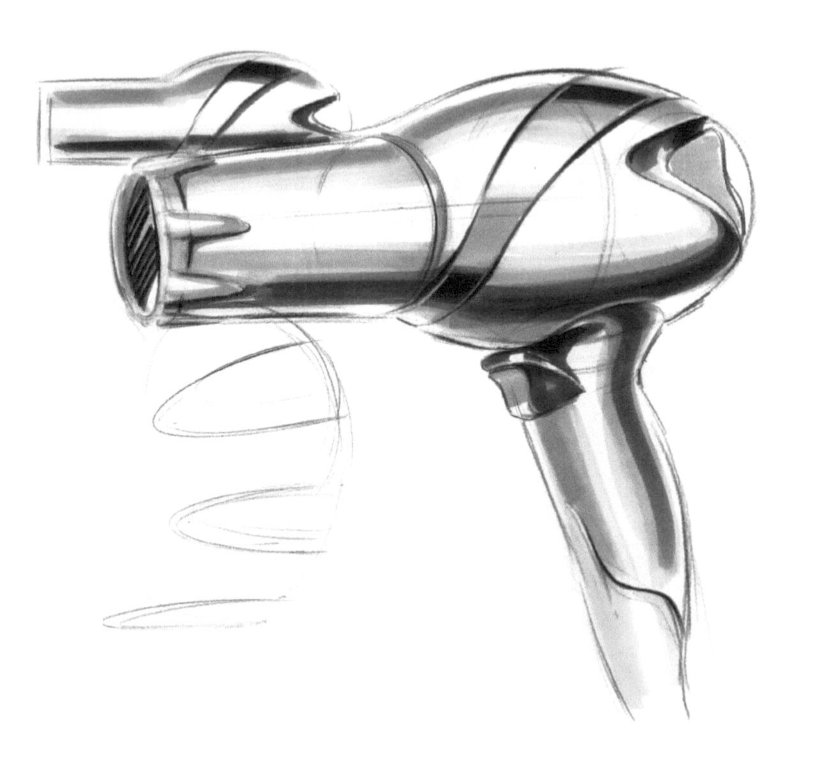

步骤06 慢慢画出产品细节，根据产品的造型再画上侧视图，放大局部并刻画细节。

使用颜色：

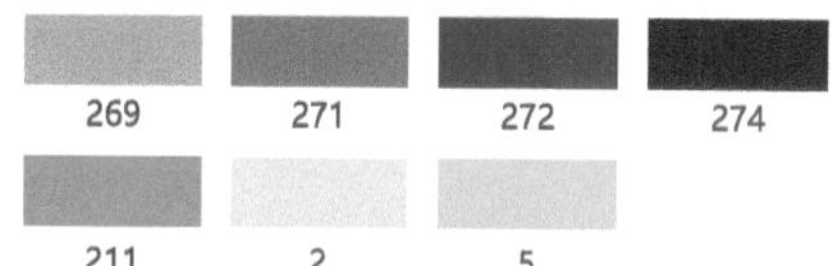

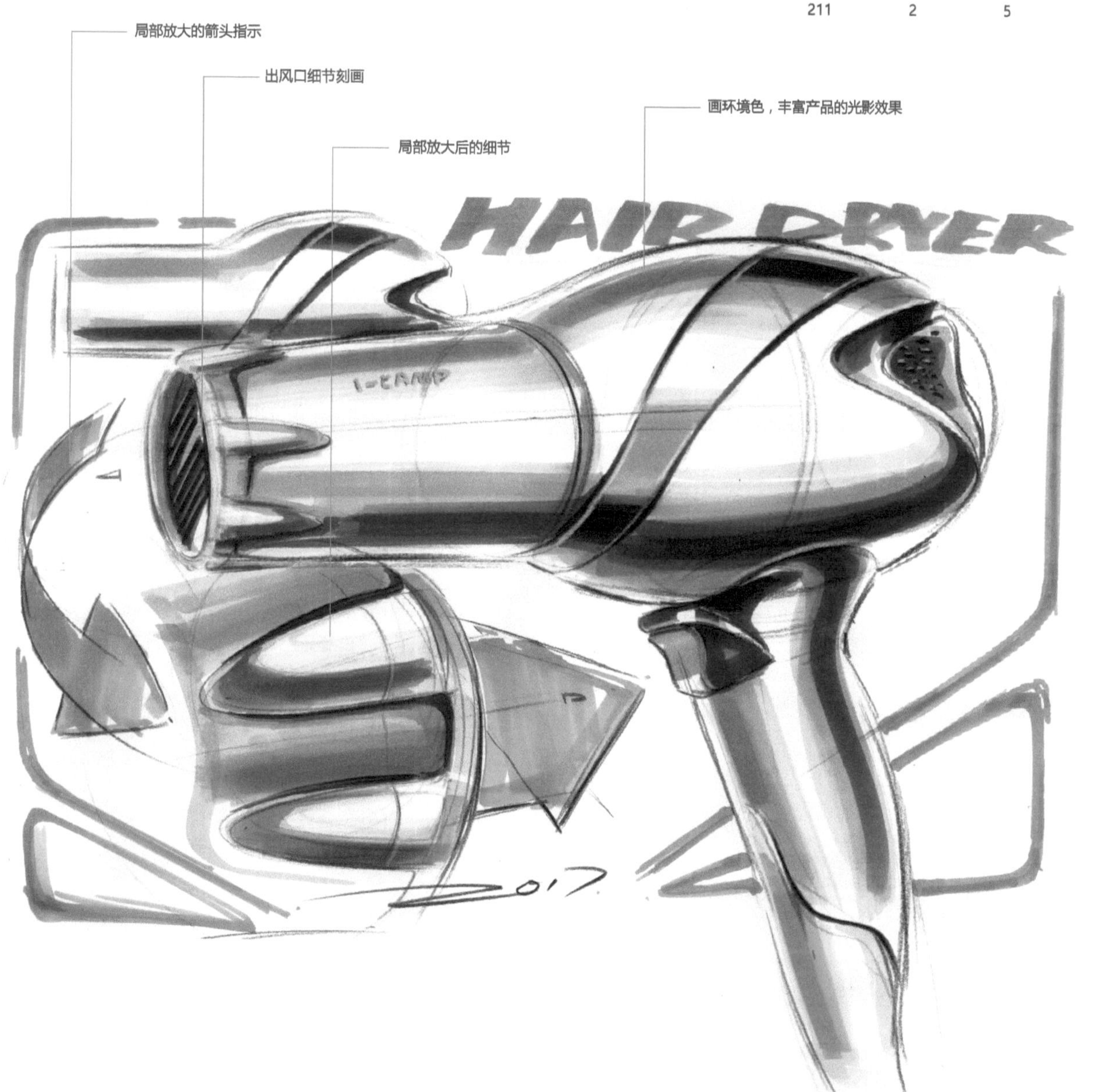

步骤07 用深灰色马克笔在明暗交界线处再加重一下，注意跟着形体结构来运笔。最后给画面增添一些色块元素，以增强画面感。

8.2 咖啡机设计

视频：咖啡机设计

步骤01 快速画出产品的形体结构，勿急着加重线条。

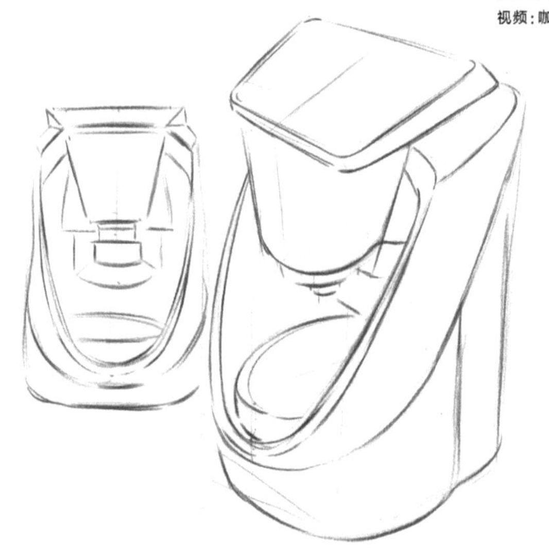

步骤02 确定产品形体并加重轮廓线和结构线。根据透视图画出前视图。

步骤03 用浅灰色马克笔将产品的明暗关系区分出来。注意一定要在高光处留白，否则整个产品会显得阴暗。

步骤04 大面积地铺色，因为要表现金属质感，所以运笔不能太慢，否则会画成软绵绵的效果。

步骤05 加重明暗交界线。注意从明暗交界线到高光处要用不同灰度的马克笔过渡好。

步骤06 用橙色马克笔为咖啡机内部的结构铺上颜色，笔触可以随意一些。

使用颜色：

269　271　272　274

240　241　158　160

步骤07 用尖头的铅笔再次修整一下整体的产品结构线，然后继续刻画产品细节，用白色高光笔在分模线处画上高光。最后给产品画上投影和背景，背景不一定是长方形，可选用不同的形状，其主要目的是衬托产品，所以视觉效果好即可。

8.3 榨汁机设计

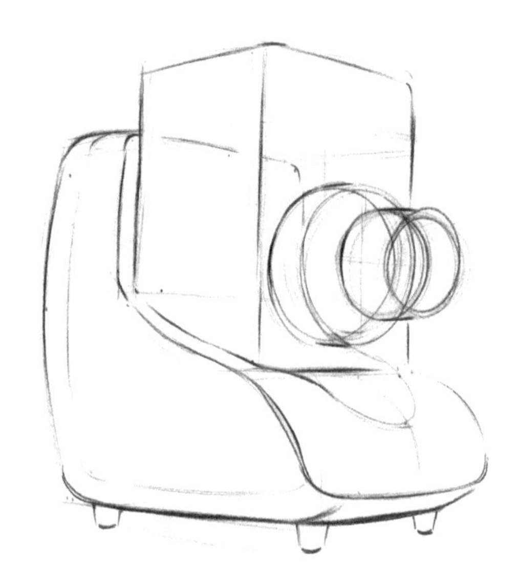

步骤01 起稿，根据产品的大小比例快速画出大致形状。

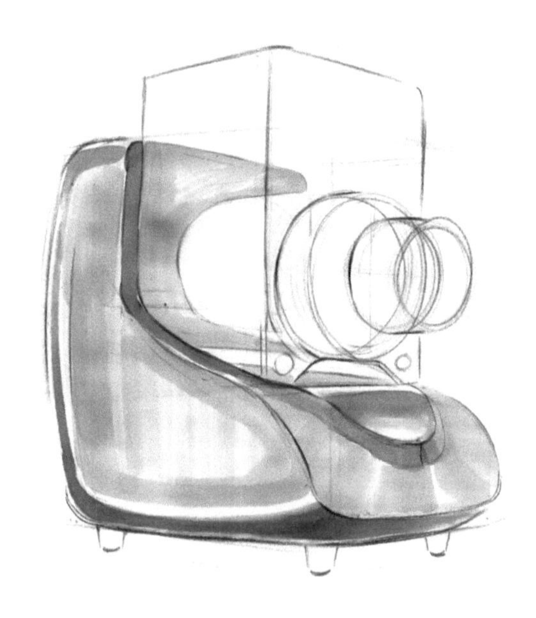

步骤02 用浅灰色马克笔为榨汁机的底座铺上颜色，注意在转折处的留白处理。

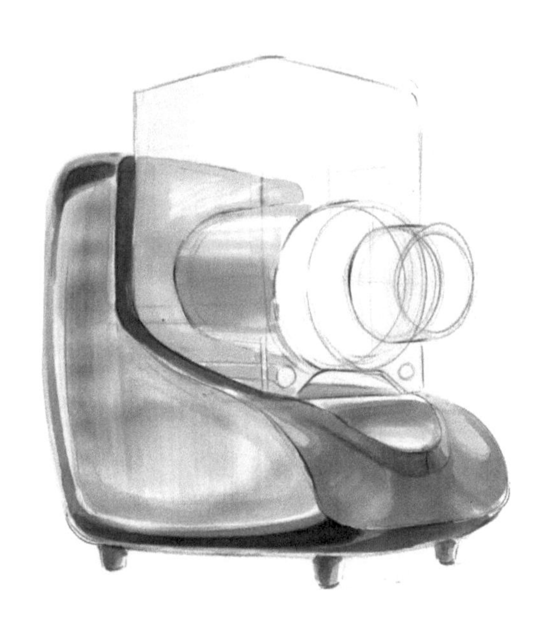

步骤03 用几支不同灰度的马克笔区分好亮暗面。

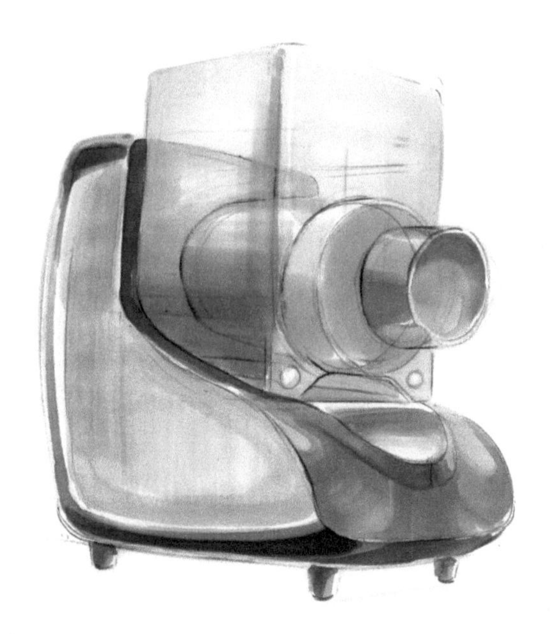

步骤04 用蓝色马克笔为透明的容器铺上颜色。

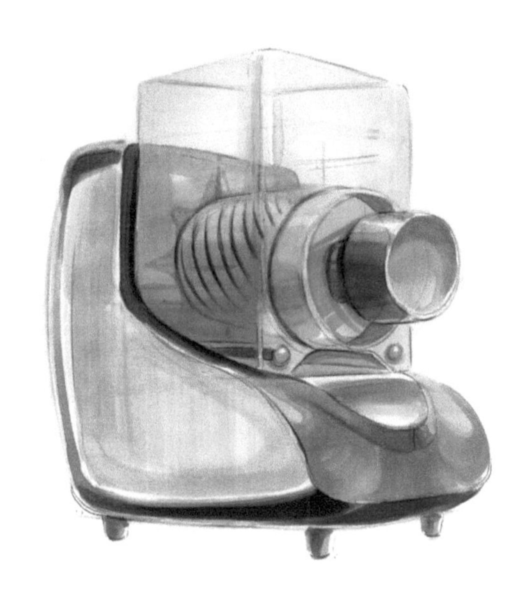

步骤05 刻画透明容器内部的结构，突出透明材质，注意不能刻画得太重。

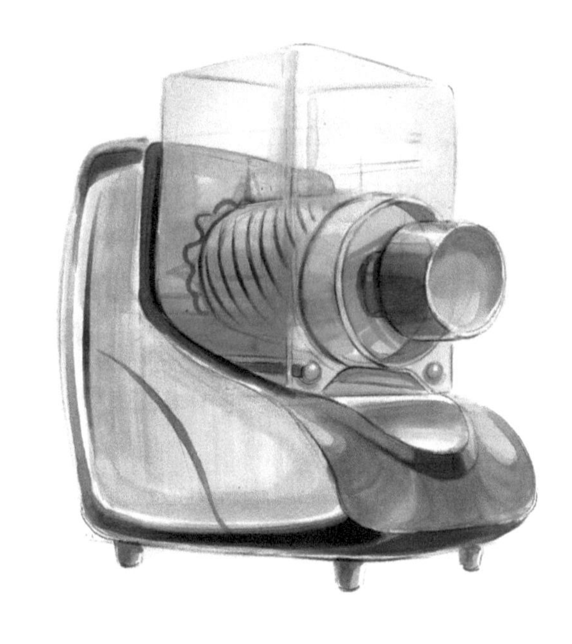

步骤06 当基本的明暗关系出来后，加点特征线，丰富一下产品造型。

步骤07 刻画细节。若因结构过小而影响刻画，则可刻画局部放大细节。

使用颜色：

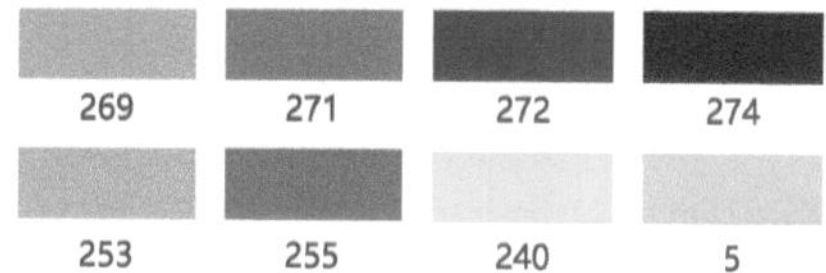

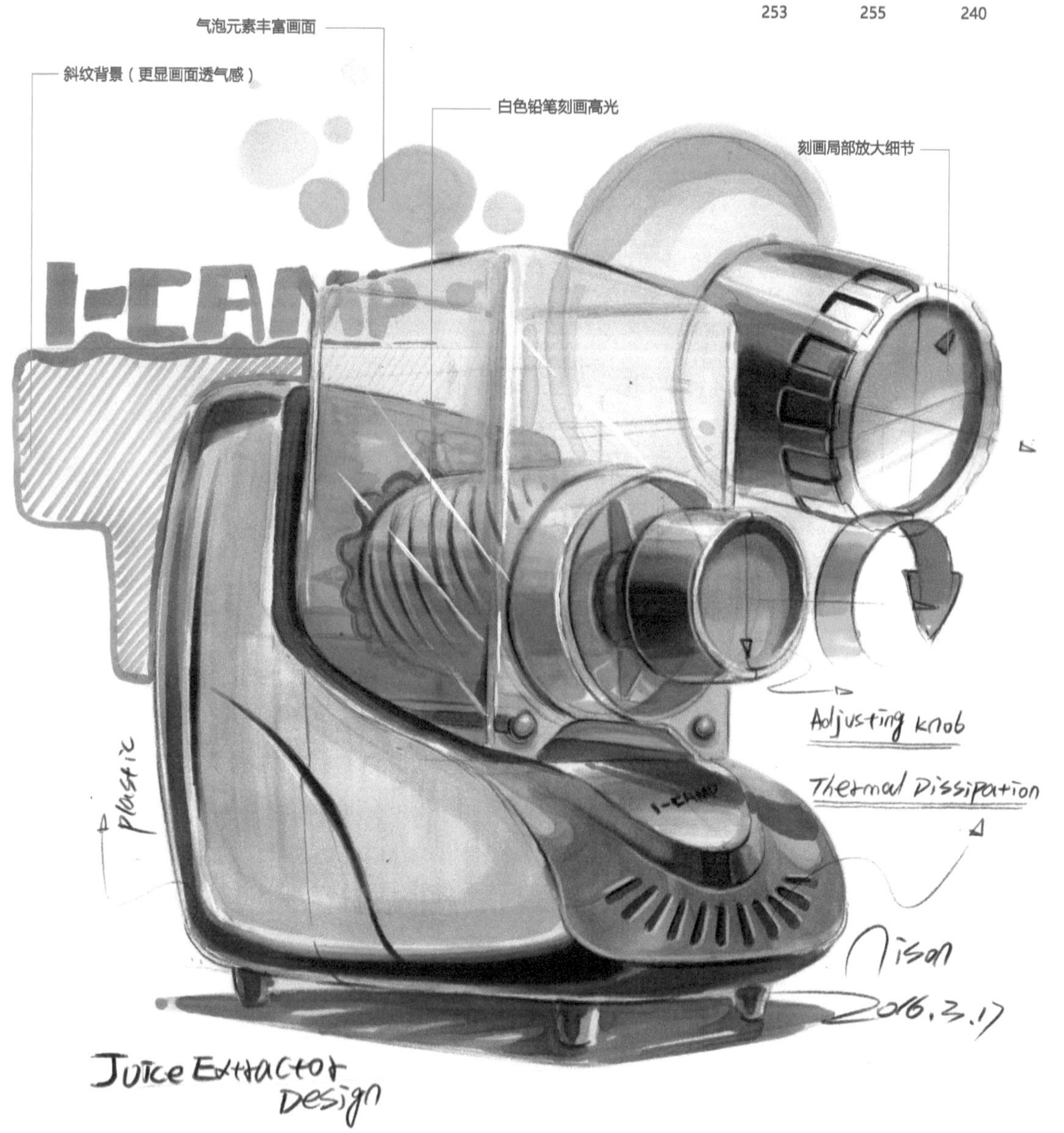

步骤08 铺上背景色，在空白处写上产品结构的注释文字，最后用高光笔在明暗转折处刻画高光。

8.4 面包机设计

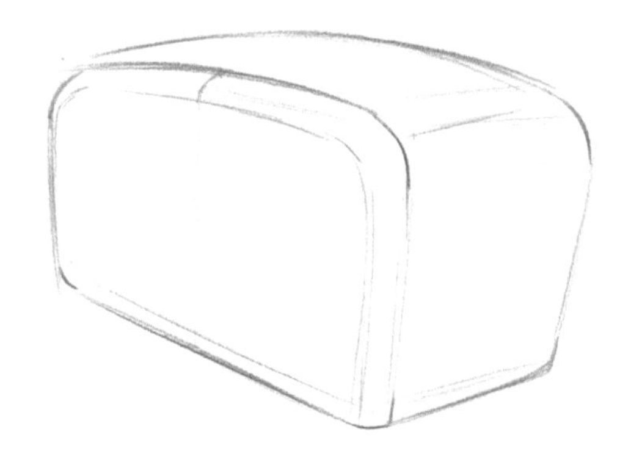

步骤01 根据产品的形状用轻松的线条起稿。

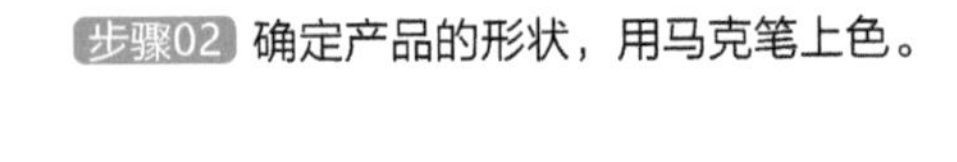

步骤02 确定产品的形状，用马克笔上色。

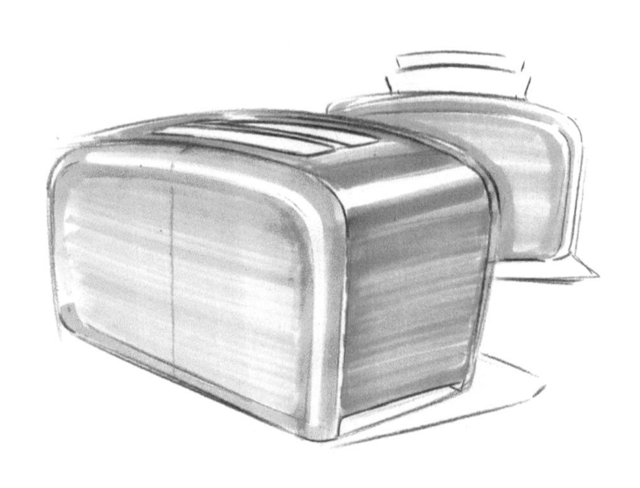

步骤03 上色时要注意线条头尾的控制，尽量不要画出界。

步骤04 加重明暗交界线和暗部结构，注意颜色的深浅过渡要自然。

步骤05 刻画细节。利用铅笔和马克笔画出开关按钮部分的细节。

使用颜色：

269	271	272	274
241	2	5	

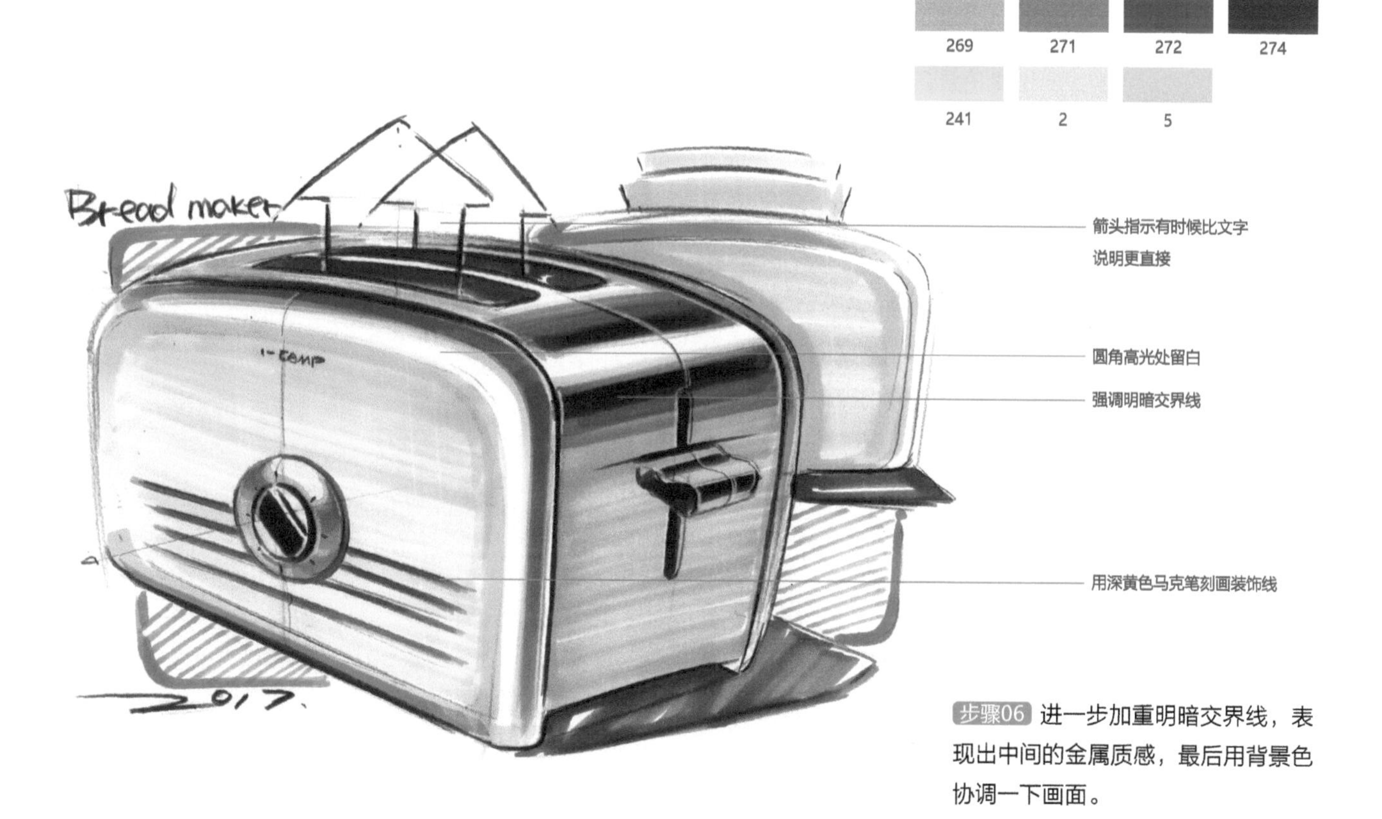

步骤06 进一步加重明暗交界线，表现出中间的金属质感，最后用背景色协调一下画面。

8.5 电熨斗设计

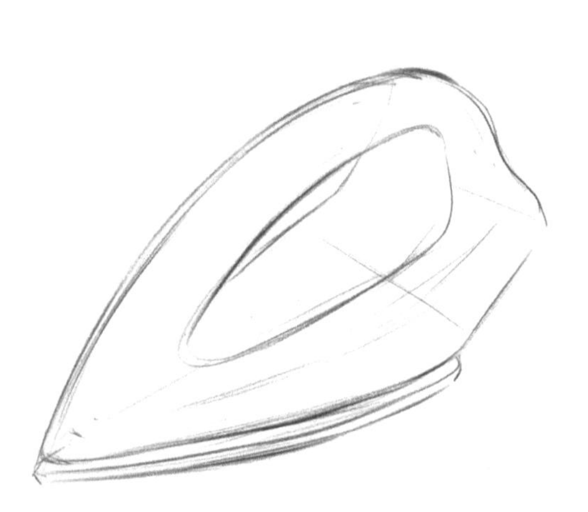

步骤01 用线条将产品的轮廓勾勒出来。

步骤02 根据产品的比例关系画出按钮的位置。

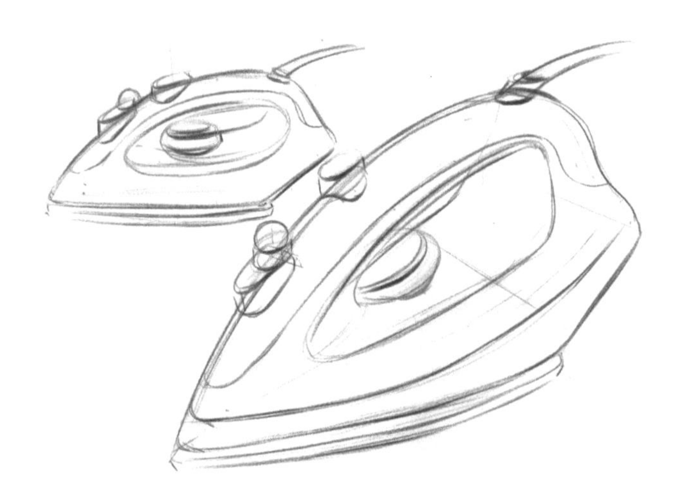

步骤03 确定线条并加重，根据透视图在后面画出侧视图，注意长宽比例。

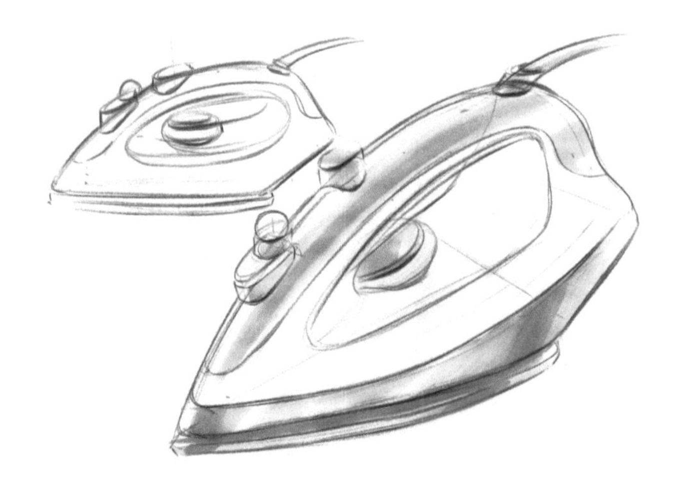

步骤04 用浅灰色马克笔区分好产品的明暗关系，注意运笔方向要跟着形体的走向。

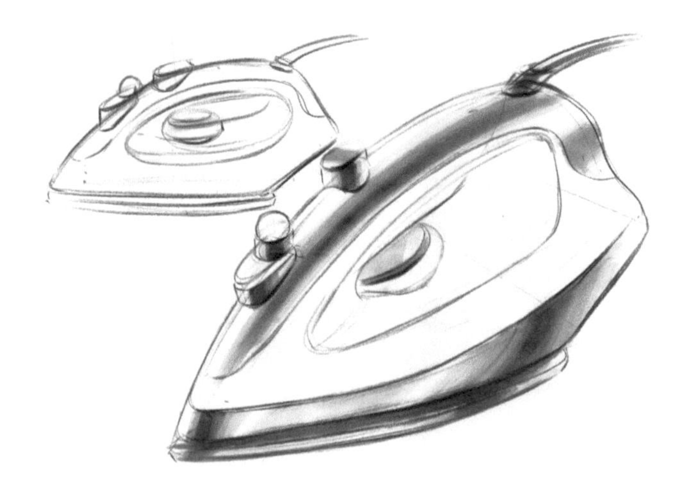

步骤05 用深色的马克笔加重明暗交界线，注意在转折高光处留白。

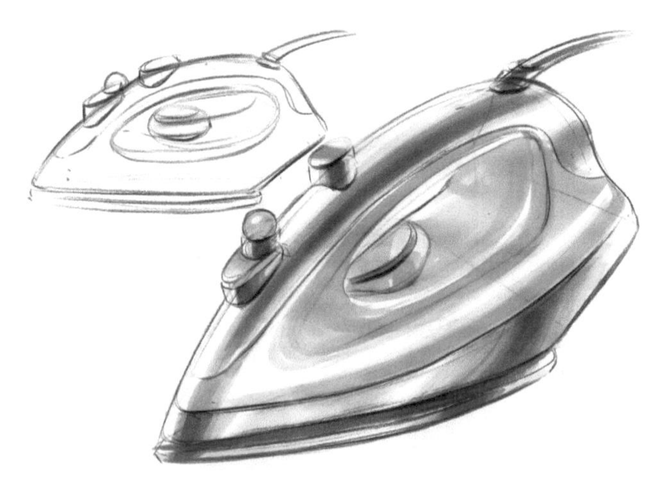

步骤06 用蓝色马克笔为中间结构铺色，注意整体的结构转折，处理好不同材质之间的笔触关系。

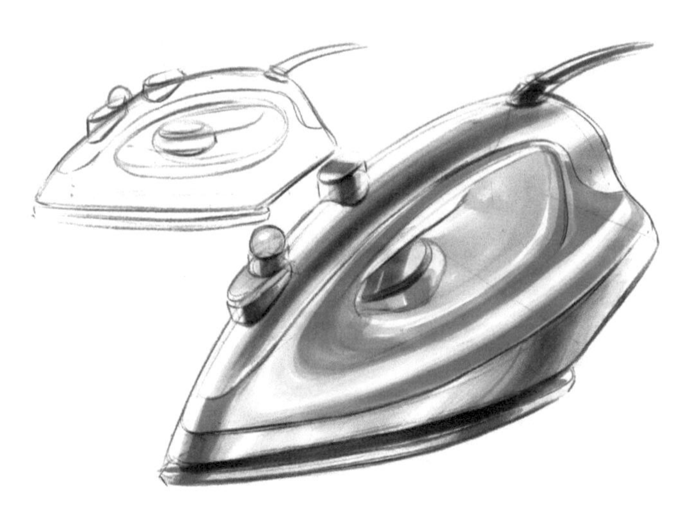

步骤07 用更深的蓝色马克笔加重转折处，用浅蓝色马克笔过渡到高光位置。

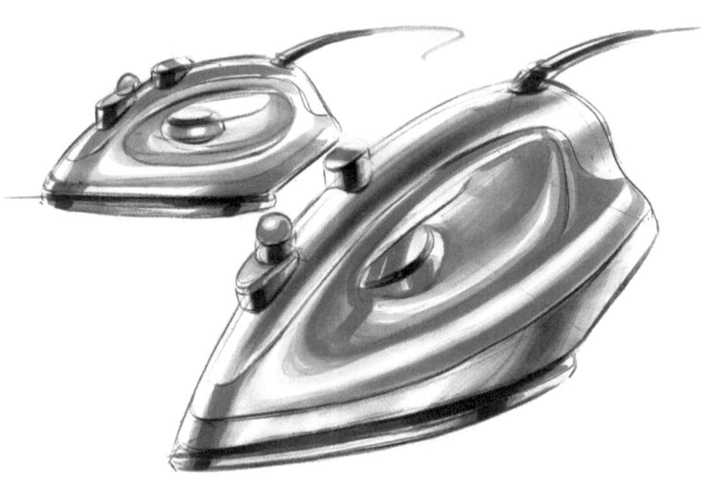

步骤08 用同样的方法为侧视图也铺上颜色。为了使画面的前后产生虚实对比，后面的侧视图的笔触可以轻松一点。

使用颜色：

269　271　272　274

240　241　2　5

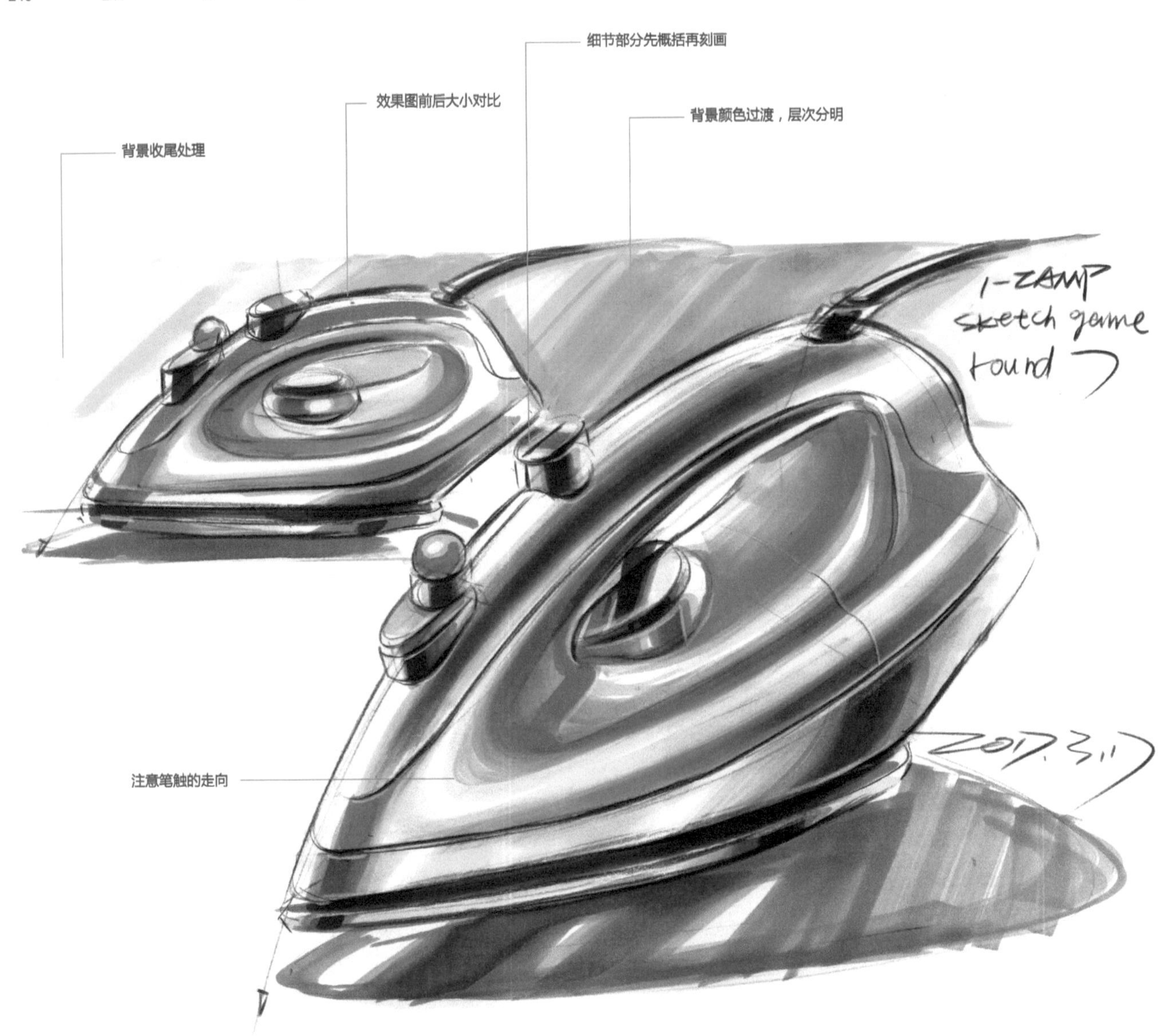

步骤09 给产品画上投影和背景，使画面中两个角度的产品更有空间上的关联性。最后用白色高光笔在产品的分模线处刻画高光。

8.6 车载吸尘器设计

步骤01 先把产品的大致结构勾勒出来。

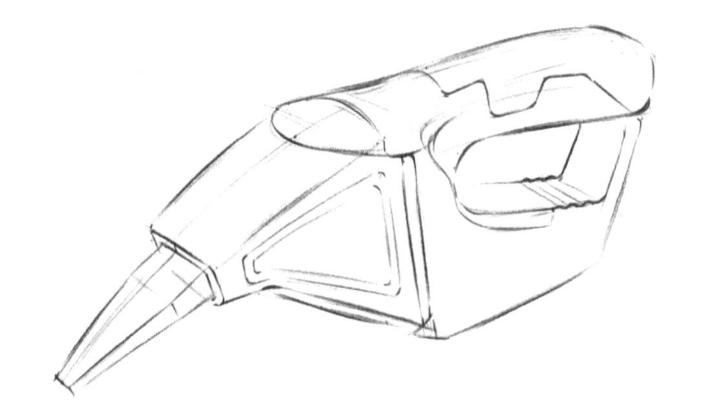

步骤02 大的结构确定下来后，把里面的细节结构也画出来。

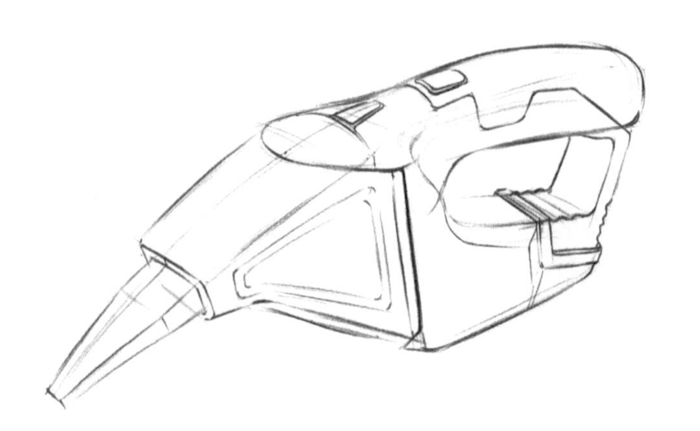

步骤03 整体检查产品的结构线，把脏乱的辅助线擦干净。

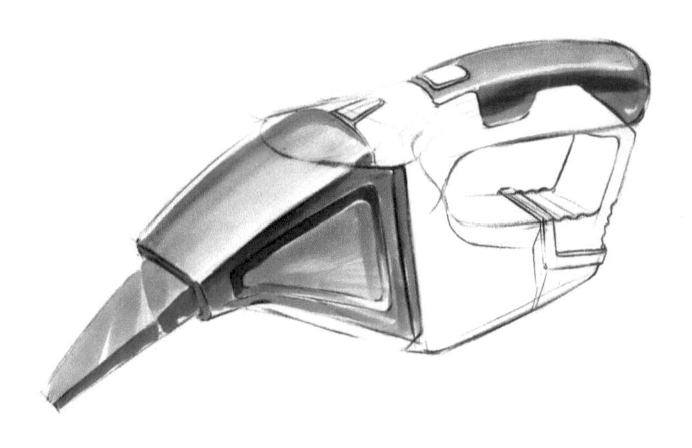

步骤04 用灰色马克笔为把手和吸嘴铺上颜色。

步骤05 用蓝色马克笔为中间部分的结构铺上颜色。注意运笔的速度要轻快，以免出现马克笔的渗透现象，影响整体效果。

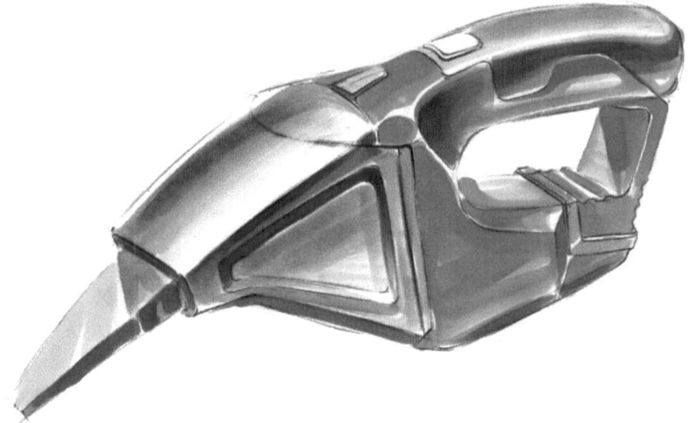

步骤06 进一步加重暗部，以增强产品的光感效果。注意运笔的方向跟产品的透视一致。

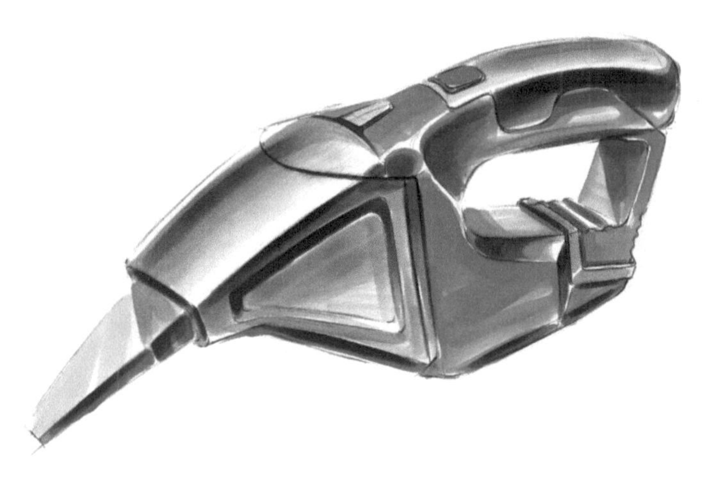

步骤07 刻画产品的结构关系，小结构的地方用马克笔的小笔头去刻画。

步骤08 给产品画上投影，使产品在画面上显得更稳。

使用颜色：

269	271	272	255
240	241	5	140

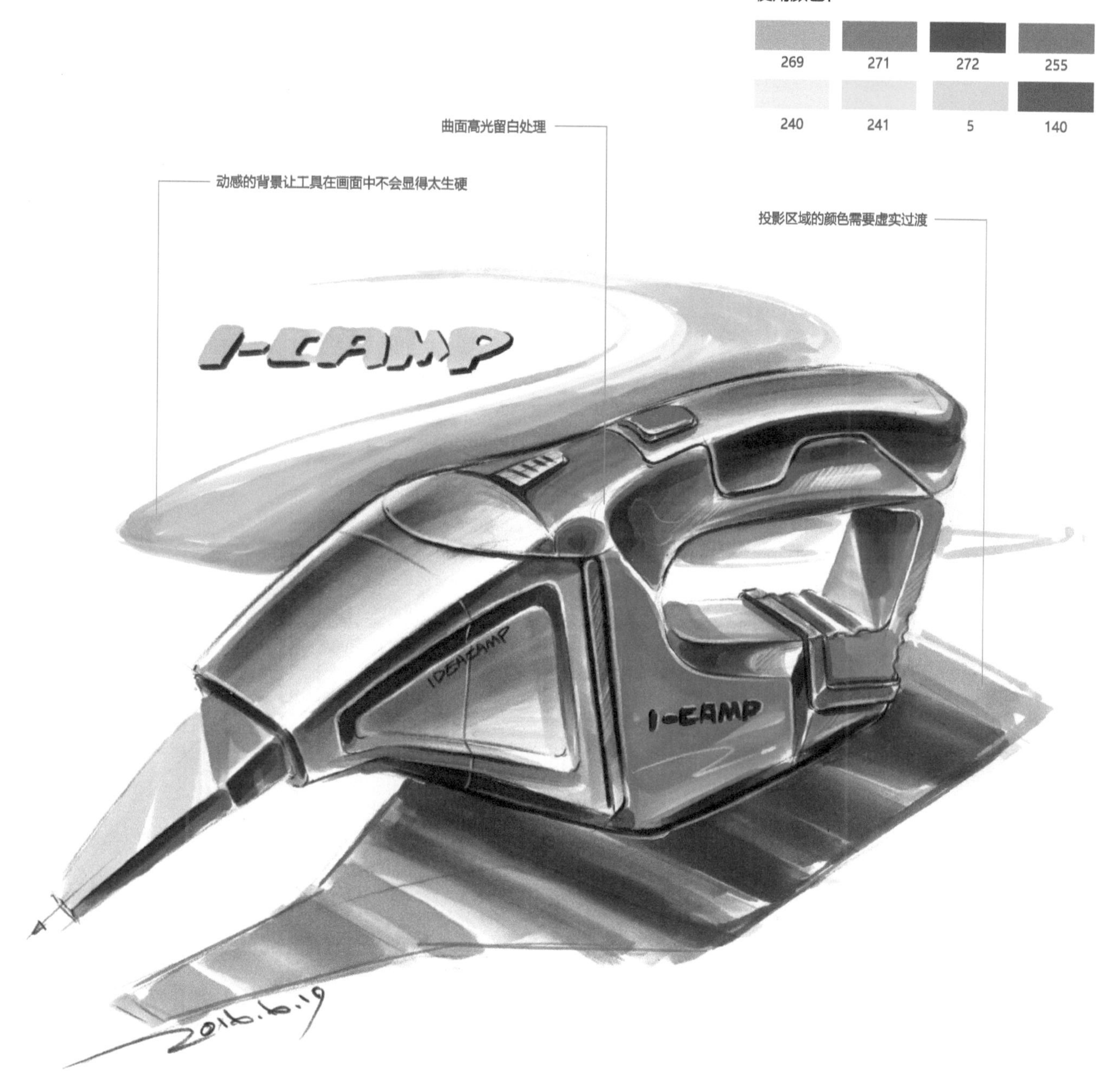

步骤09 给产品画上背景，背景的形状不一定都是矩形，可以随意一些，同时可以写上标题和文字注释。最后用白色高光笔在结构转折处画上高光。

8.7 吸尘器设计

步骤01 这个吸尘器的造型比较圆润，先画出大致的轮廓。在画线的时候注意对线条的弧度以及圆角的处理。

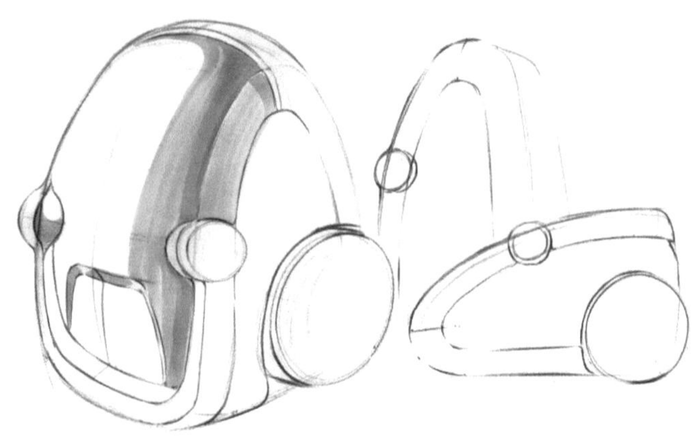

步骤02 先用蓝色马克笔从转折处开始上色，顺着产品曲面运笔，控制好笔触的头尾。

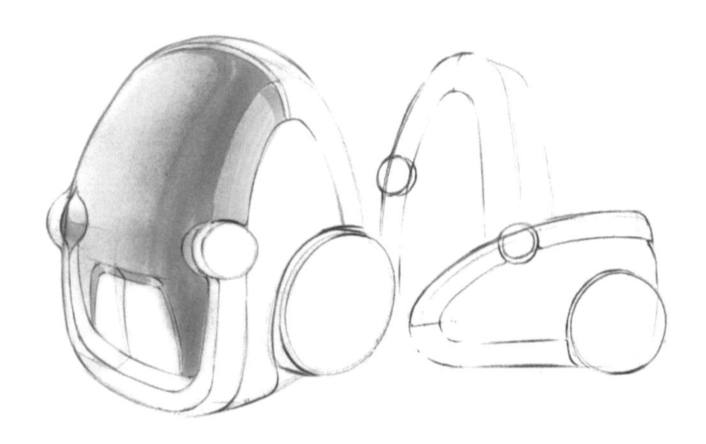

步骤03 选择与马克笔颜色相近的色粉，刮成粉并涂抹于空白的曲面上。注意由近到远对色粉深浅的控制。

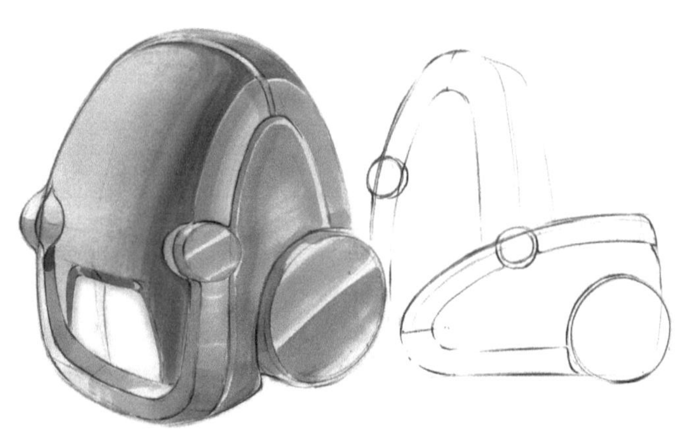

步骤04 用深蓝色马克笔稍微加深转折处，然后将蓝色部分的处理先暂停一下，把剩余的侧面用灰色马克笔整体铺一层底色。

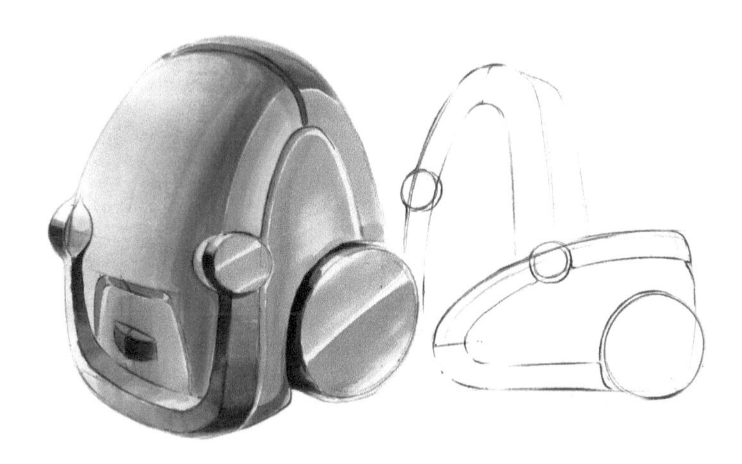

步骤05 铺了底色后，可以用深一点的灰色马克笔加重暗部以及转折处，以加强产品的体积感。

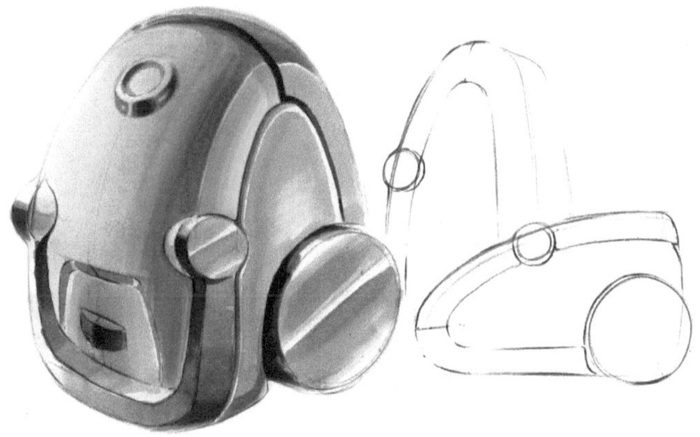

步骤06 能留白的高光尽量留白，因为这样会显得比较自然。慢慢地刻画出细节。

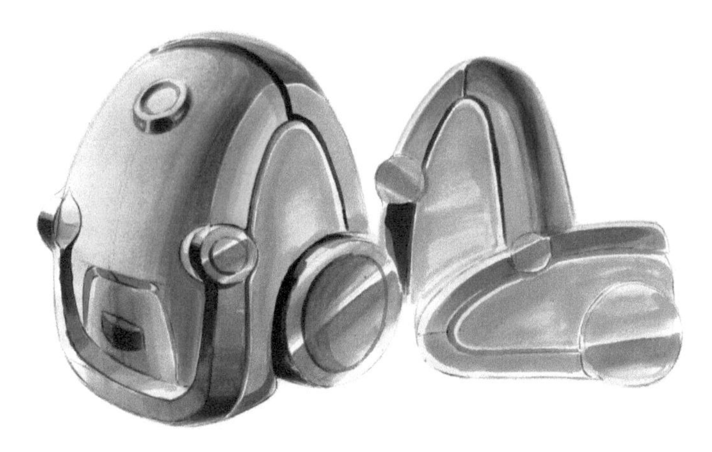

步骤07 用同样的方法为后面两个角度的产品也铺上颜色，注意后面的对比处理比前面的弱一点，尽量突出前面的主体物。

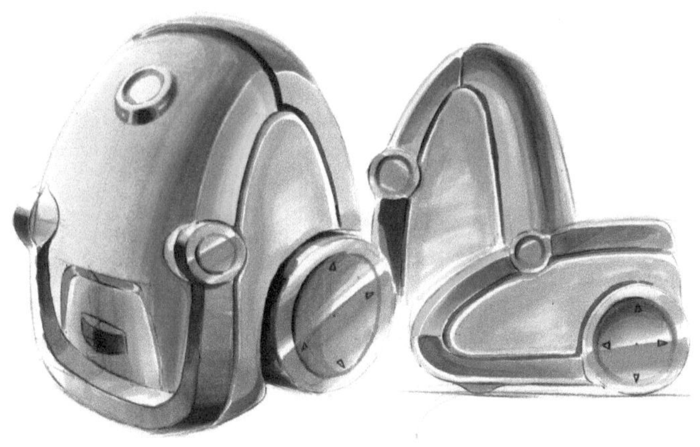

步骤08 刻画细节，利用明暗对比体现结构之间的关系。把铅笔削尖，修整整个形体，注意刻画分模线和转折处。

使用颜色：

269	271	272	274
253	158	240	241

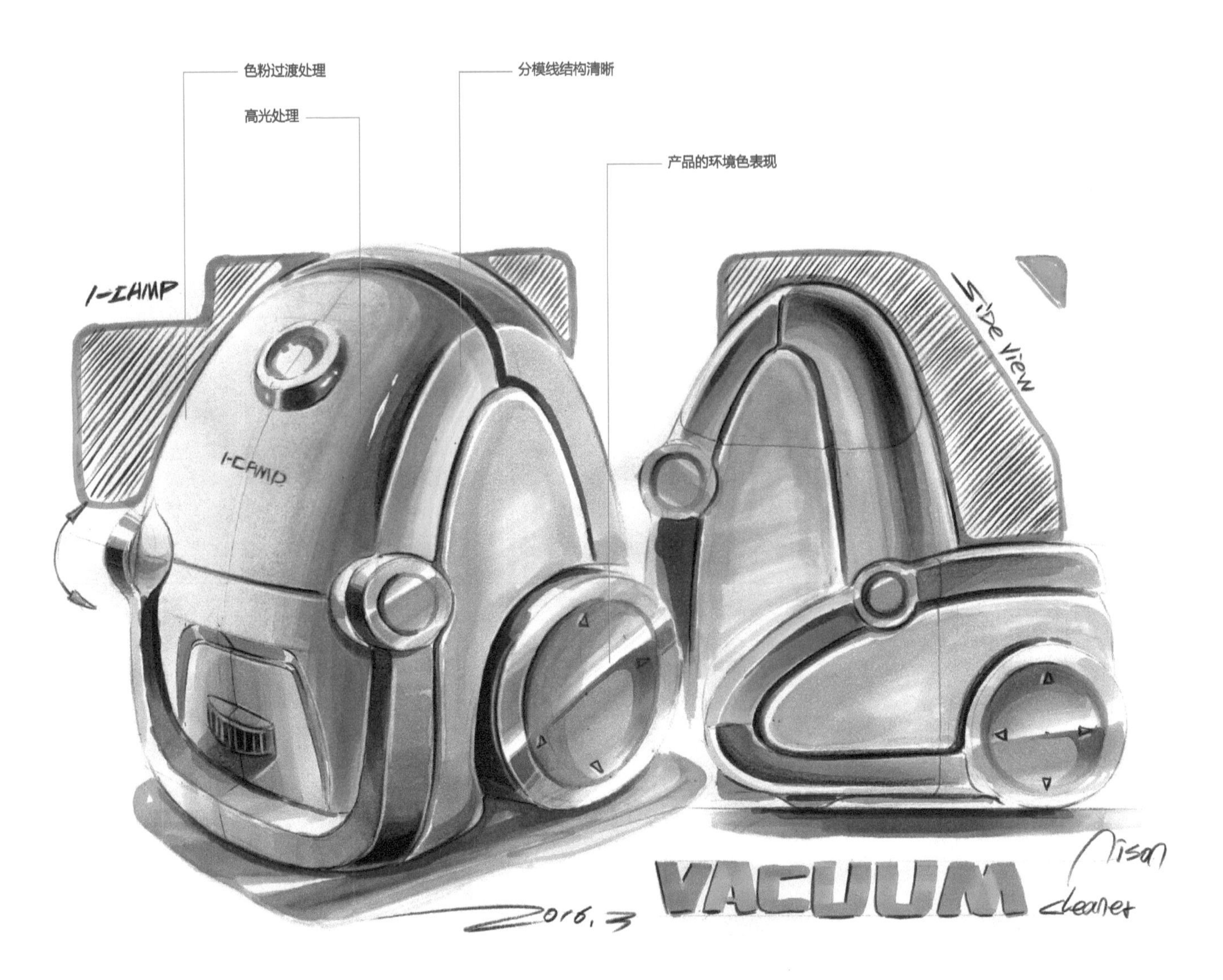

步骤09 再次加强明暗交界线，使整个产品的体量感更强。画出产品的投影，在转折的地方用白色铅笔和高光笔画出高光，以增强产品的光感。用黄色马克笔在产品背部画背景元素，以衬托产品，使整个画面更和谐。

8.8 除螨器设计

步骤01 先用轻松的线条画出大致的轮廓。

步骤02 调整并加重产品的轮廓线，先定出大概的点，画长线条。

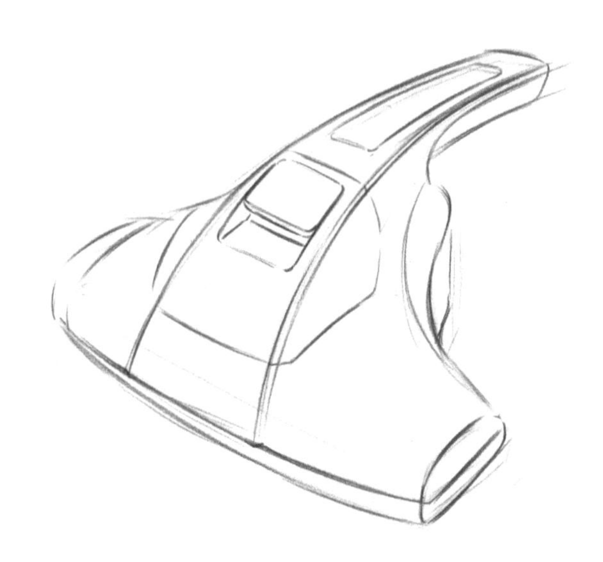

步骤03 外轮廓勾勒出来后，可以把表面的结构也按比例画出来。线稿画到这里就可以用马克笔上色了。

步骤04 用灰色马克笔将产品的基本光影表现出来，注意不用着急画太重。

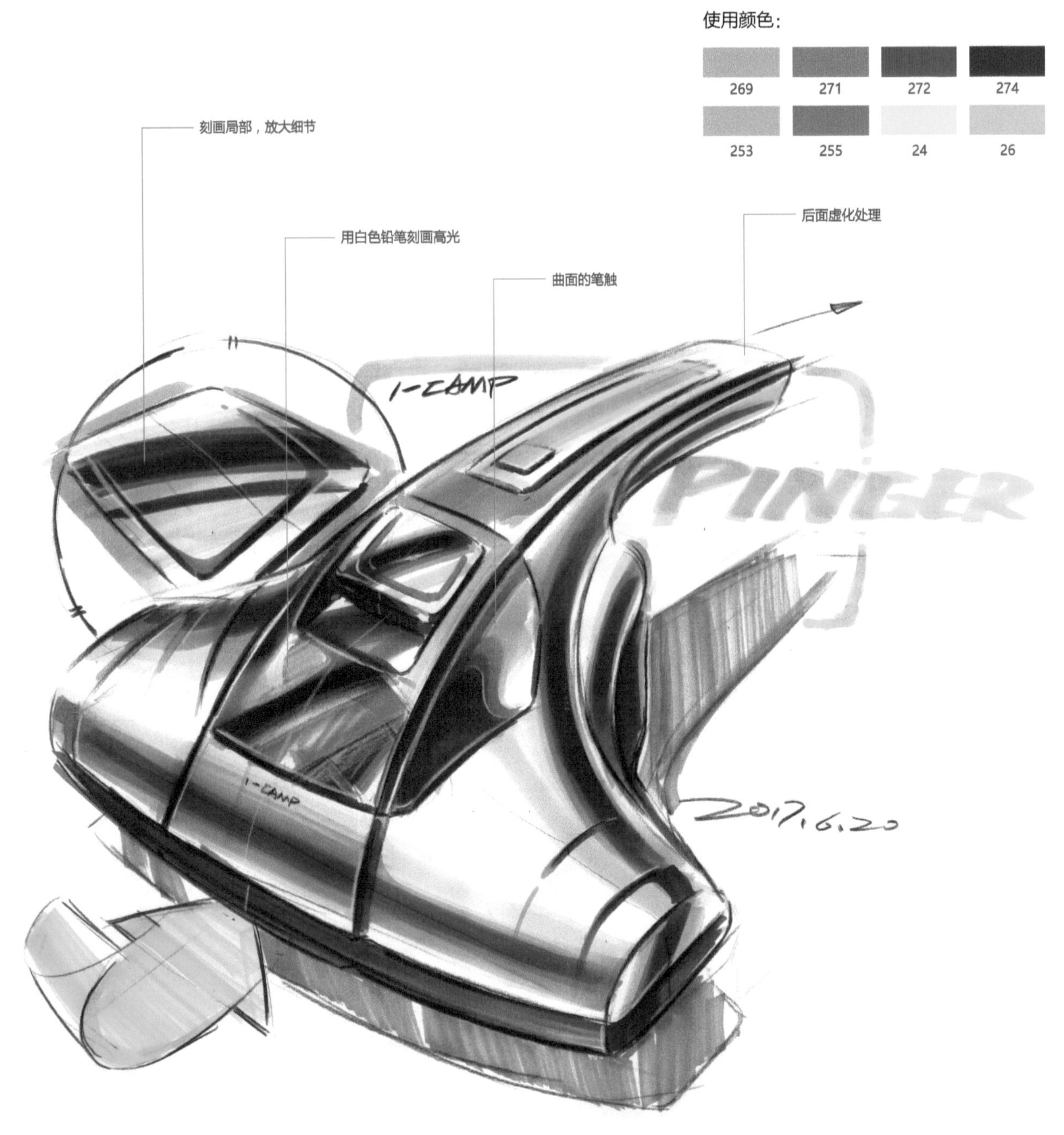

步骤05 将产品的其他结构也铺上颜色，进一步刻画细节。一些过小的细节难以表现的，可以局部放大刻画。最后用白色铅笔在结构转折处画上高光。

第 9 章

通信类产品绘制范例

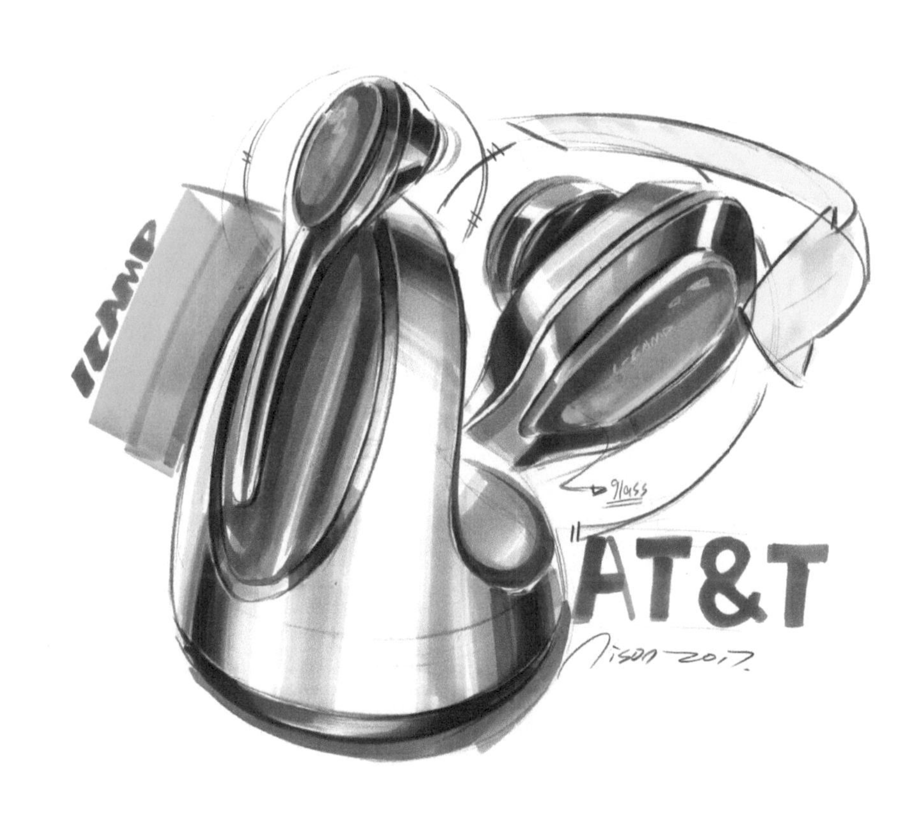

9.1 商务手机设计

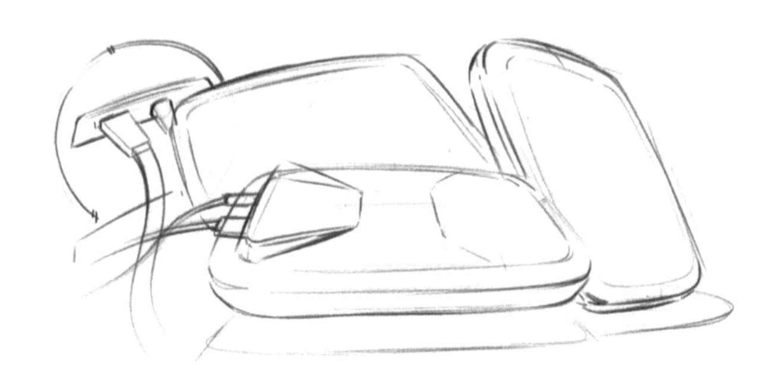

步骤01 画出几个不同角度的手机线稿，注意透视比例。

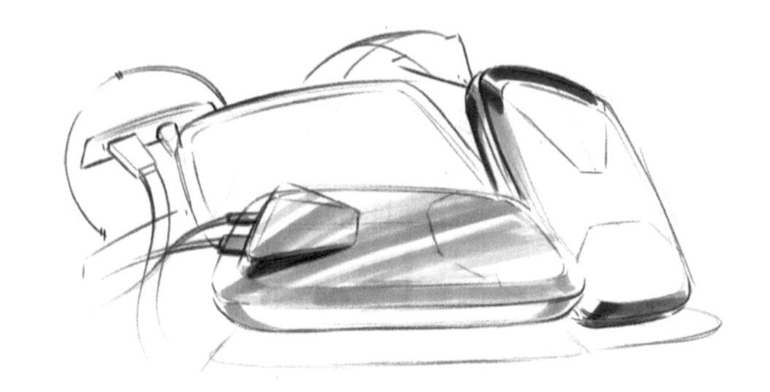

步骤02 用浅灰色马克笔概括结构，注意结构的特点。

步骤03 用深灰色马克笔画暗部，明确产品的明暗关系。

步骤04 对显示屏的刻画要注意用笔的先后顺序，先用深灰色马克笔，再用蓝色马克笔，可以适当留白，以体现出屏幕的反光效果。

使用颜色：

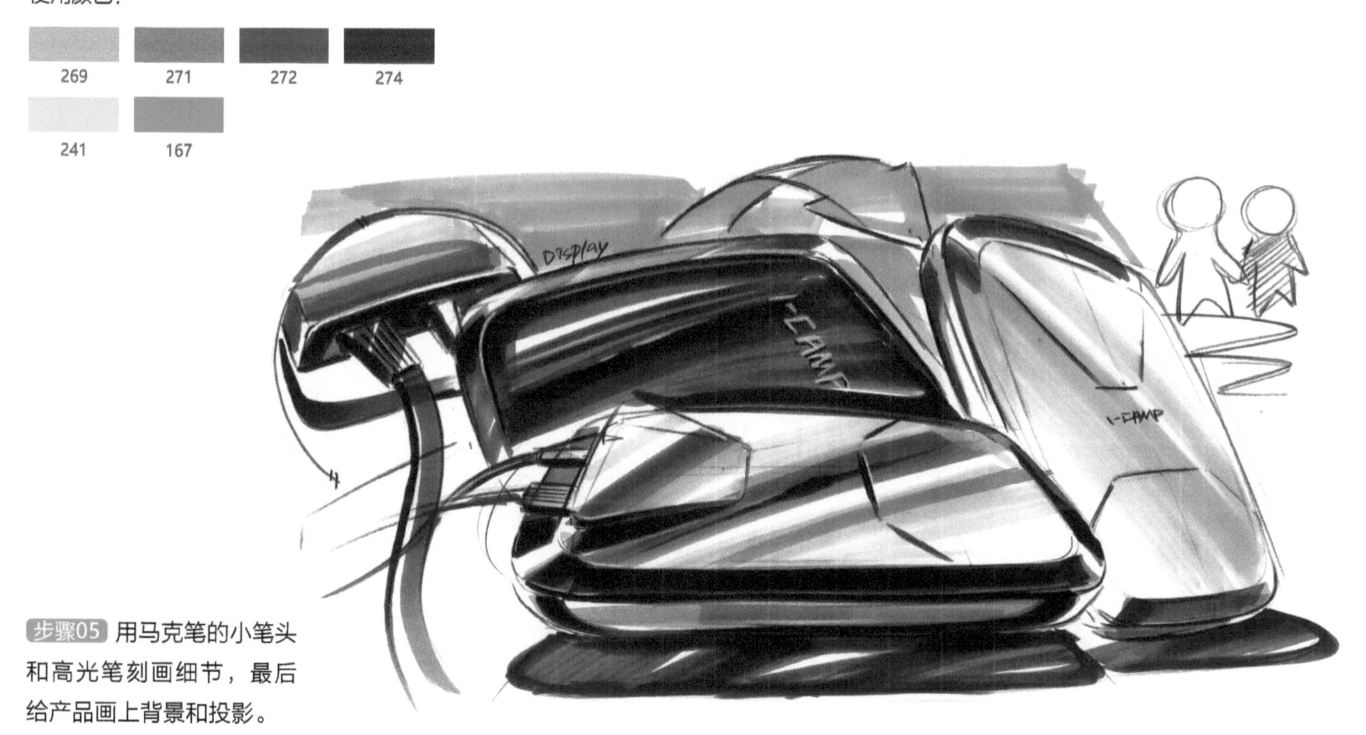

步骤05 用马克笔的小笔头和高光笔刻画细节，最后给产品画上背景和投影。

9.2 多功能手机设计

步骤01 勾勒出手机产品的大致轮廓。

步骤02 进一步确定结构线，将细节部分局部放大刻画。

步骤03 先用灰色马克笔概括一下大体结构。

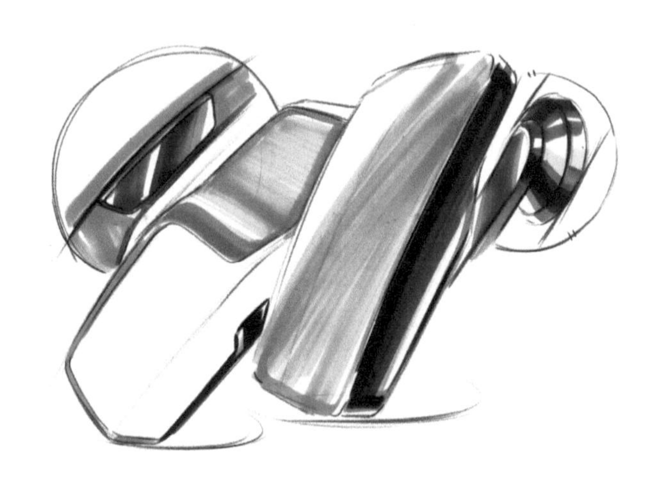

步骤04 加重暗部，注意亮部留白。

步骤05 用蓝色马克笔将屏幕刻画出来。

步骤06 将按键和侧面的按钮细节刻画出来。

使用颜色：

269　271　272　274

241　5

步骤07 修整一下整体的结构线，然后给产品的转折处画上高光，最后画上背景和投影。

9.3 无线电话机设计

步骤01 画出产品的线稿，注意线稿不需要画得太重。

步骤02 用浅灰色马克笔为产品铺上底色，注意在高光处留白。

步骤03 用马克笔加重明暗交界线。

步骤04 用暖灰色马克笔为面板铺上颜色，注意运笔的速度要快。

步骤05 用铅笔修整一下被马克笔涂掉的结构线，注意线条的虚实变化。用绿色马克笔为剩余的空白部分铺上颜色。

使用颜色：

269　271　272　255

51　5

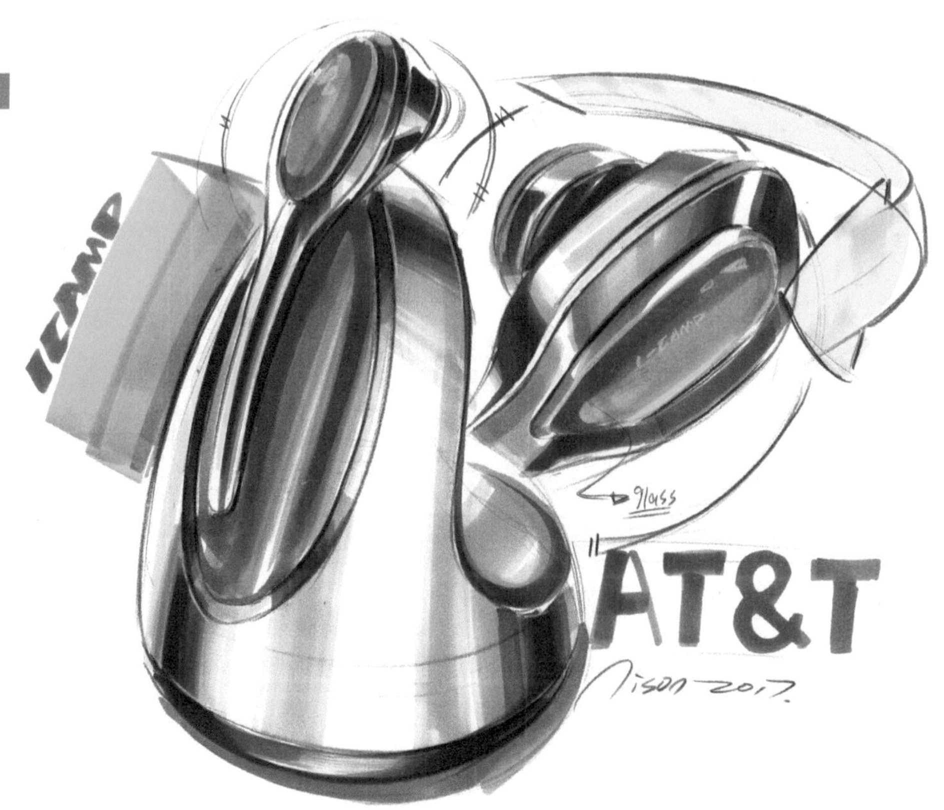

步骤06 将不够重的地方再压一下，进一步完善细节。用高光笔在转折处刻画高光，以增强光感。最后为产品画上背景和投影。

9.4 录音笔设计

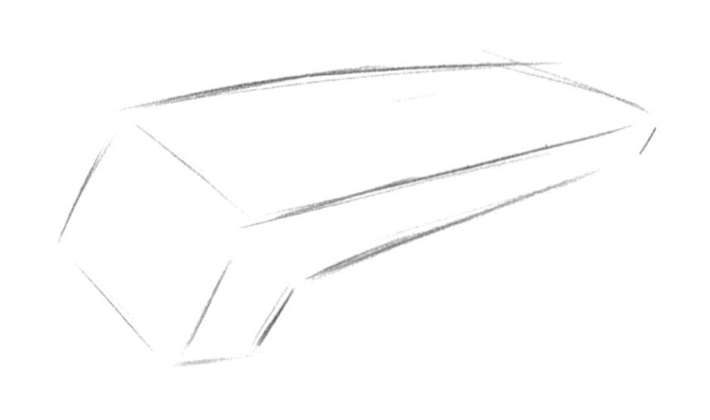

步骤01 以画几何形体的方法，用直线快速确定产品的大致轮廓。

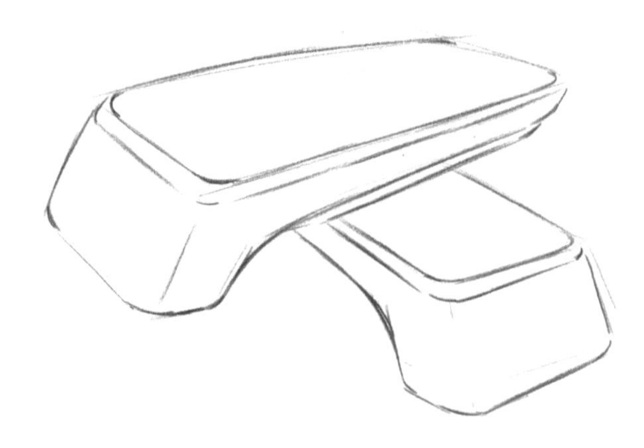

步骤02 修整线条，将线条连接好，注意圆角的大小及透视。

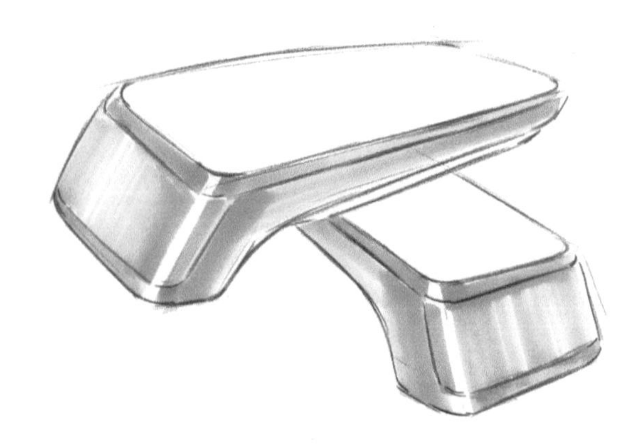

步骤03 产品的造型比较简单，所以线条比较简洁。定好光源方向，用马克笔画出大致的明暗关系。

步骤04 用不同灰度的马克笔画出曲面的过渡效果，注意结构转折处的留白处理。

步骤05 把顶部的显示面板看成是一个平面，用浅灰色马克笔平刷一层底色。

步骤06 因为产品是高反光材质，所以对比度可以强一点。画出显示屏和键盘。

步骤07 用蓝色马克笔刻画显示屏，再用深色马克笔加重小厚度，使结构的凹凸效果更明显。

使用颜色：

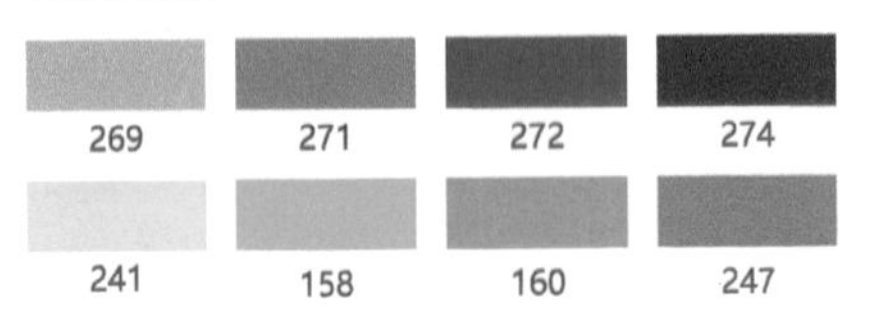

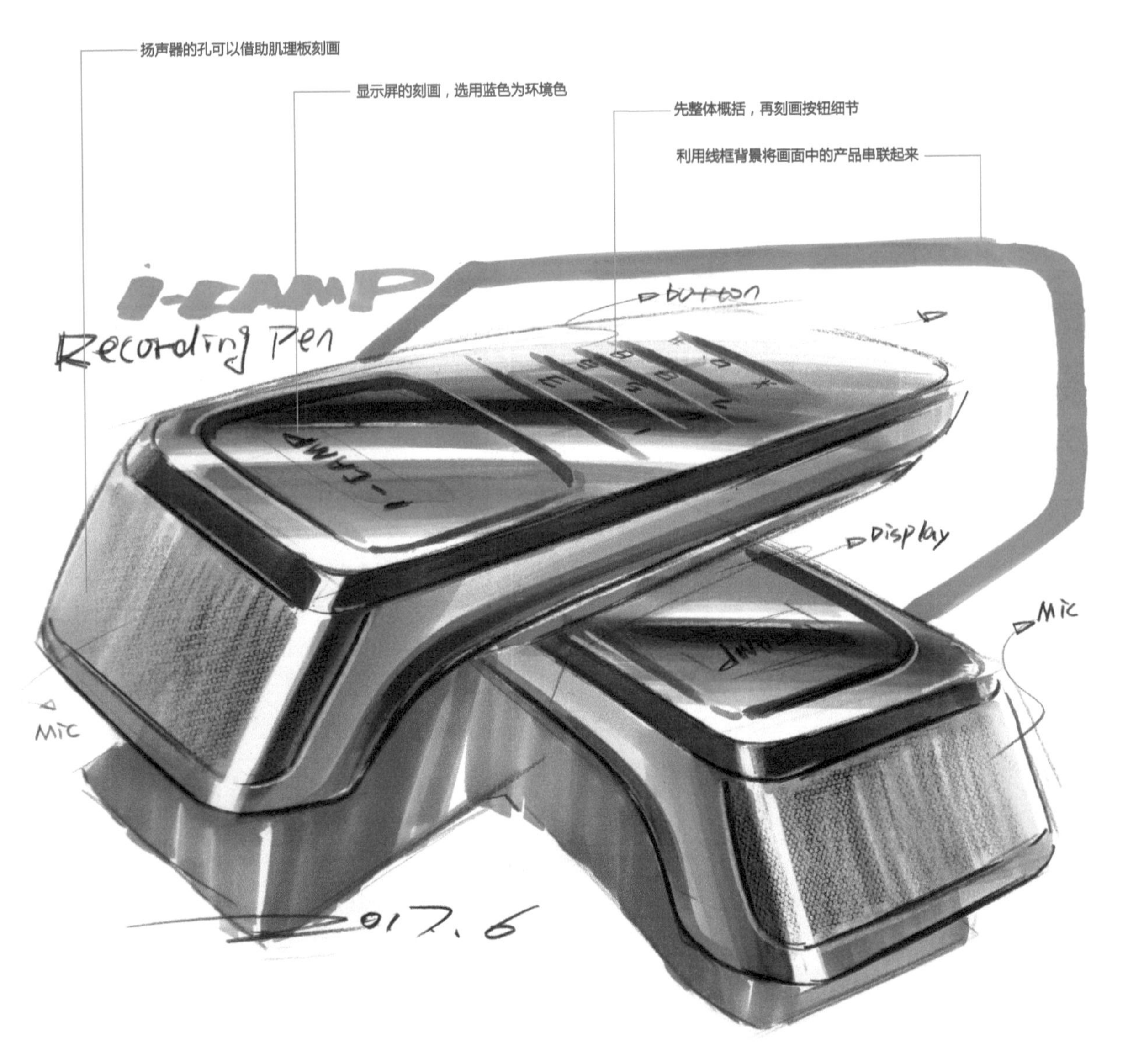

步骤08 刻画细节。用铅笔在显示屏和键盘位置写上相应的文字，刻画键盘时要注意前后的虚实变化。给产品画上背景和投影，最后写上标题和文字注释，以丰富画面。

9.5 运动手表设计

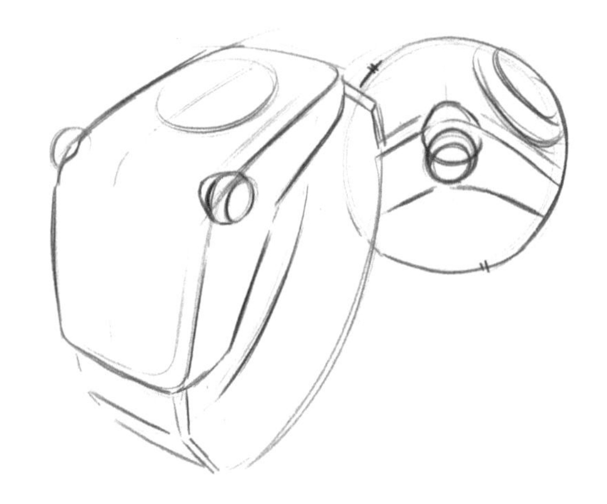

步骤01 画出手表的大致轮廓，加重主要的结构线。

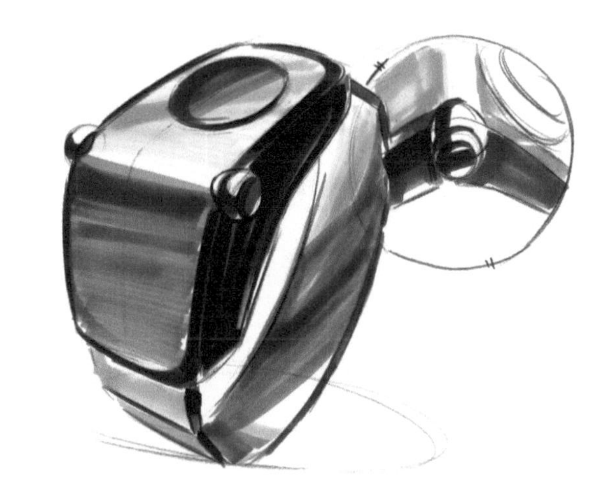

步骤02 用马克笔将手表的亮暗面区分出来。

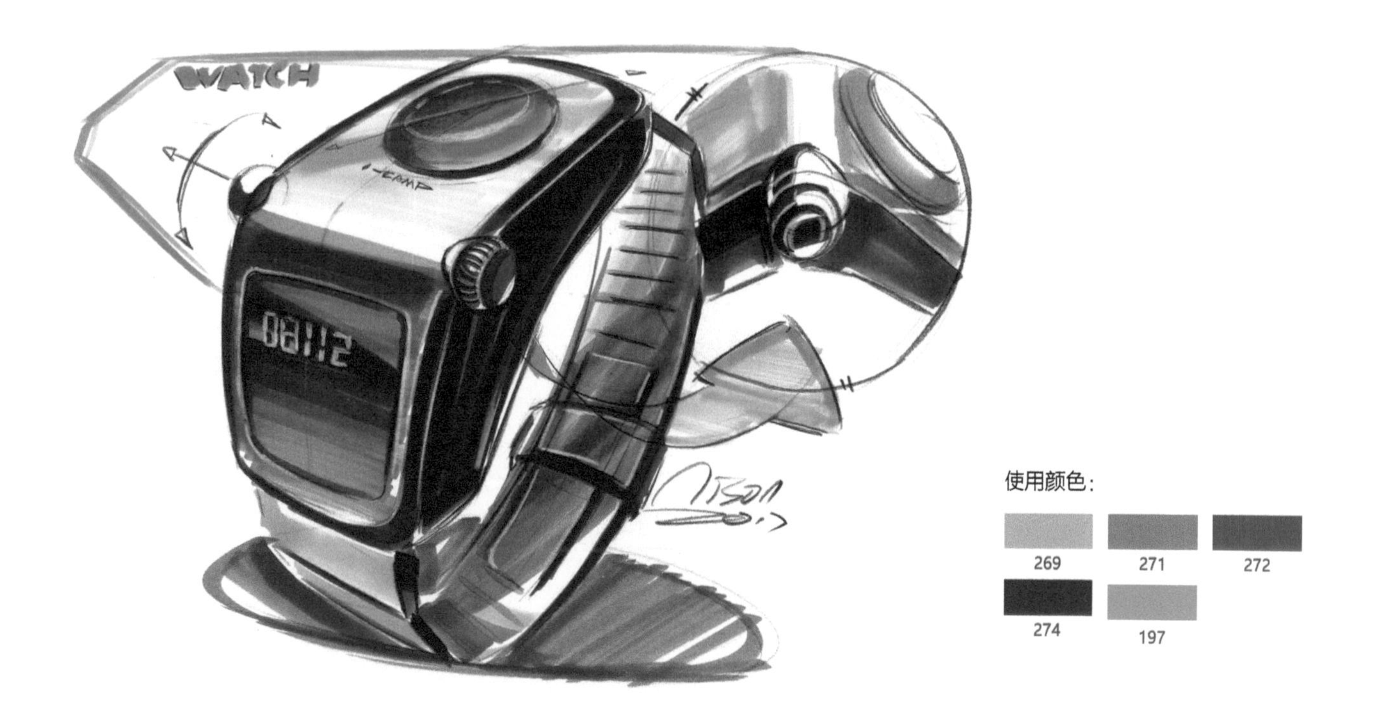

步骤03 先整体概括，再刻画细节，刻画出显示屏和调节按钮的细节。最后完善整个画面。

9.6 传真机设计

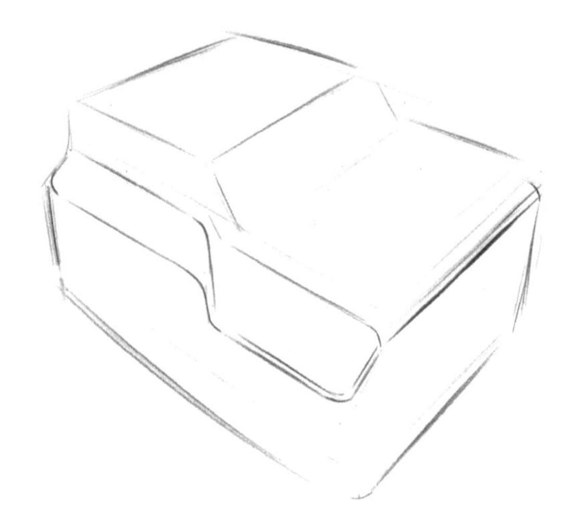

步骤01 先用简单的线条画出传真机的大致形态，注意此时线条不用画得太重。

步骤02 确定造型结构并加重结构线，把断断续续的线条连接好。

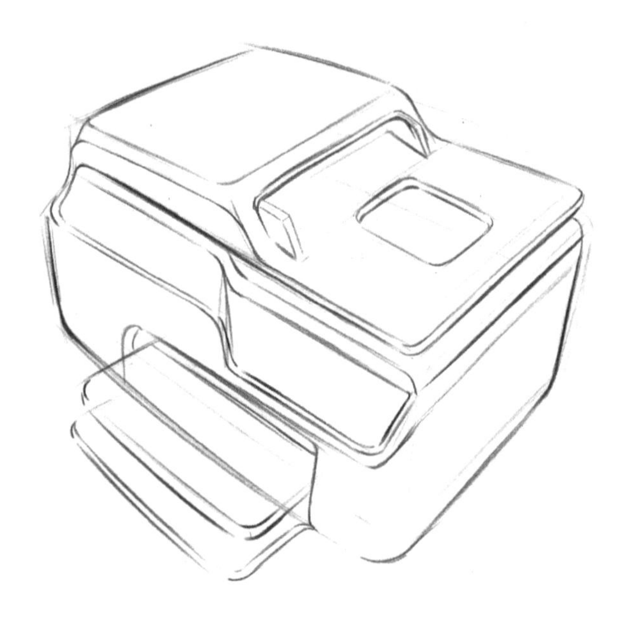

步骤03 画出传真机的纸盒结构，刻画结构厚度。

步骤04 用灰色马克笔为整个产品铺上颜色，注意亮暗面的区分。

步骤05 加重产品的暗部，以增强产品的体积感与光感。

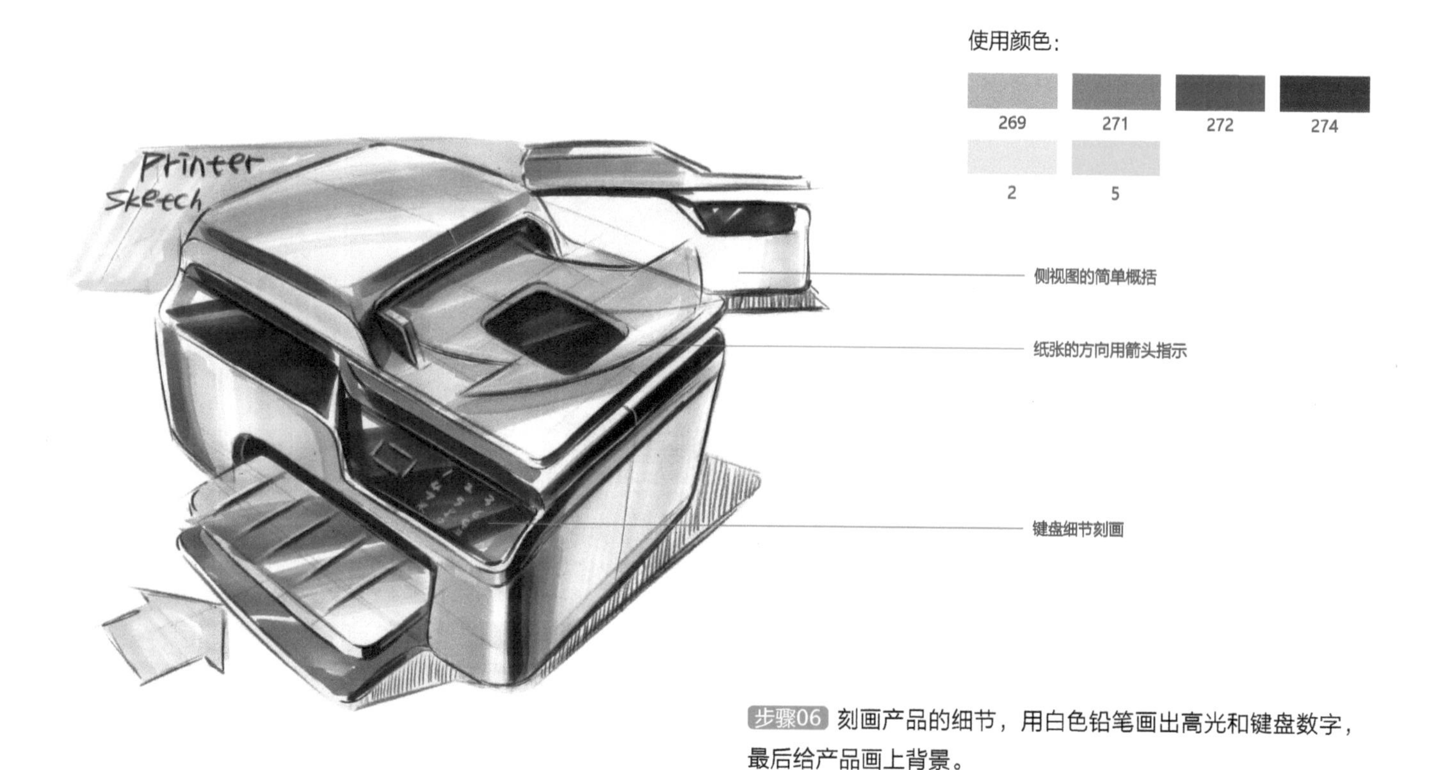

步骤06 刻画产品的细节，用白色铅笔画出高光和键盘数字，最后给产品画上背景。

第10章 生活用品类产品绘制范例

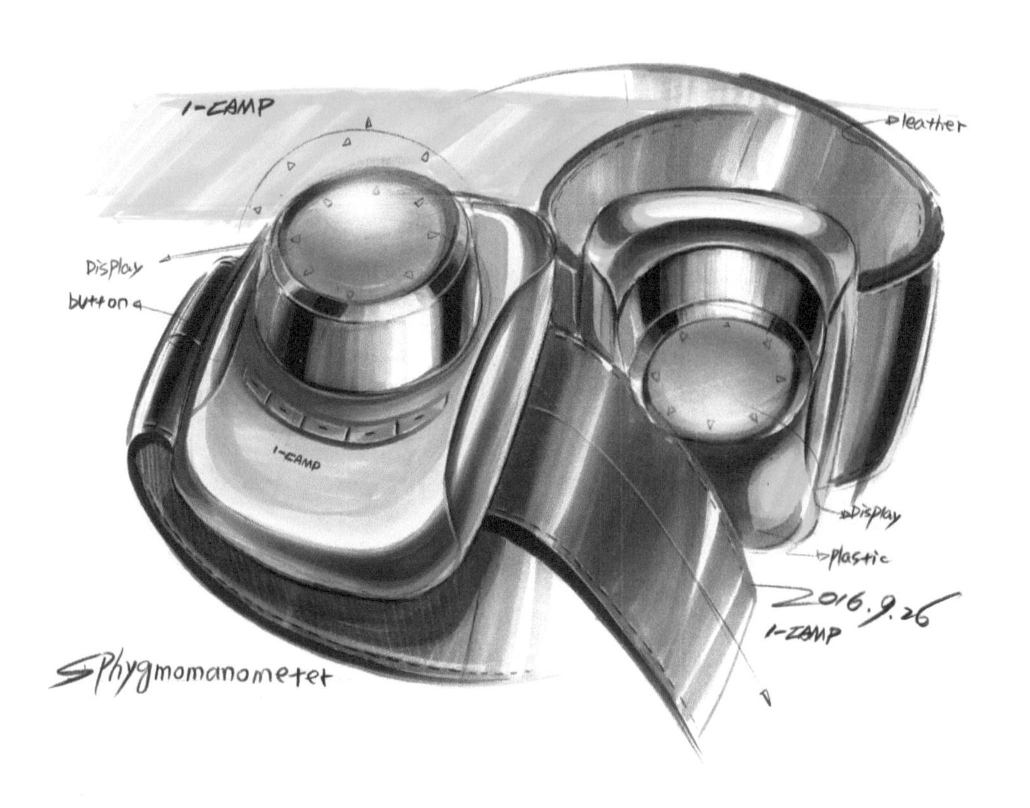

10.1 剃须刀设计

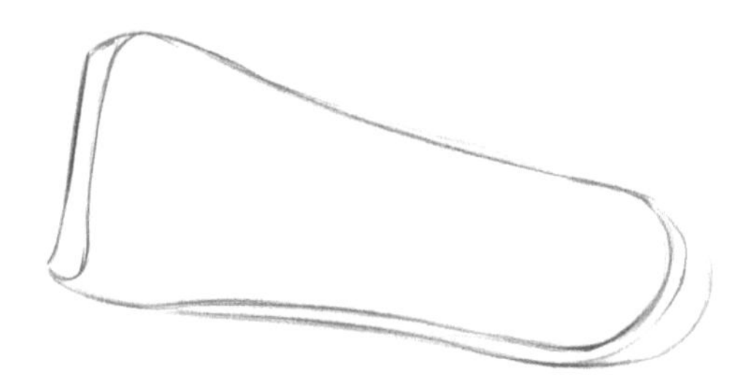

步骤01 先画出产品的轮廓。

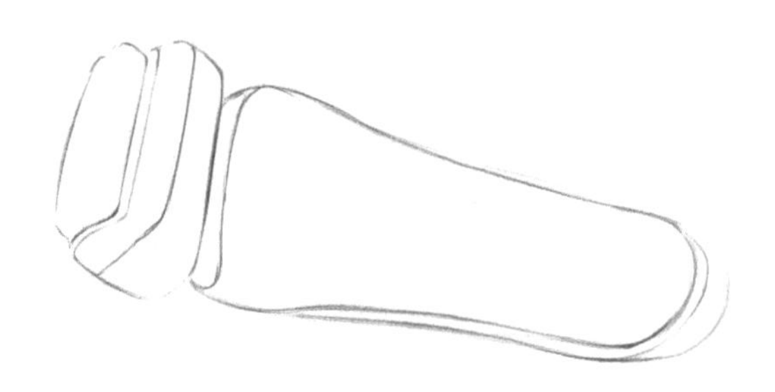

步骤02 进一步完善轮廓，注意透视及比例。

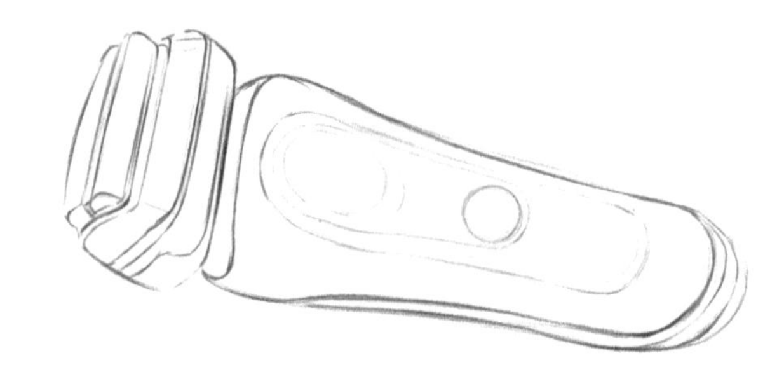

步骤03 在大致的轮廓完成后，再画结构。注意整体的线条勿太重，因为上色时易脏。

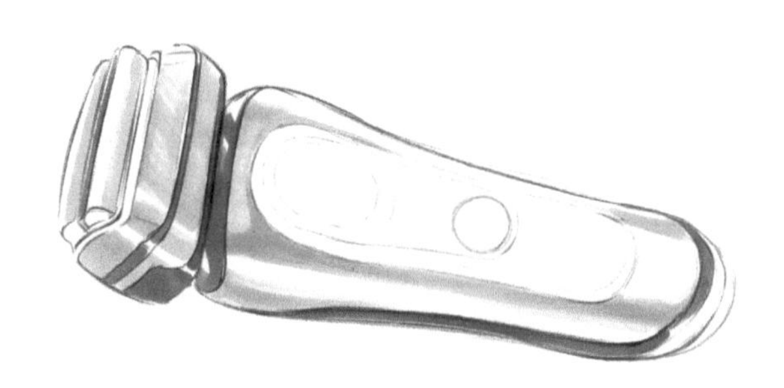

步骤04 先用浅灰色马克笔画出大致的明暗位置，不用着急加重，先确定好明暗关系。

步骤05 继续用浅灰色马克笔铺色，注意在亮部转折的地方留白。

步骤06 用不同灰度的马克笔过渡，表现产品的明暗效果。注意笔触要果断，不能犹豫。

步骤07 根据透视图画出另一个角度的剃须刀头，细节部分需要耐心地刻画。

步骤08 用深灰色马克笔加重整体的明暗交界线，突出金属的质感。给该产品画上投影。

步骤09 刻画细节，着重刻画按钮处的纹理细节和剃须刀头的细节。用白色高光笔在分模线的位置画出高光。

使用颜色：

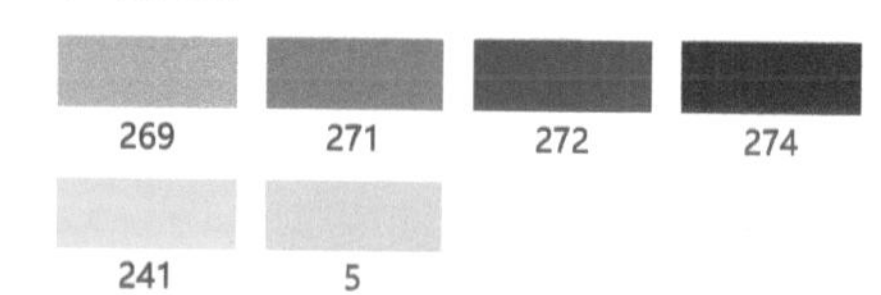

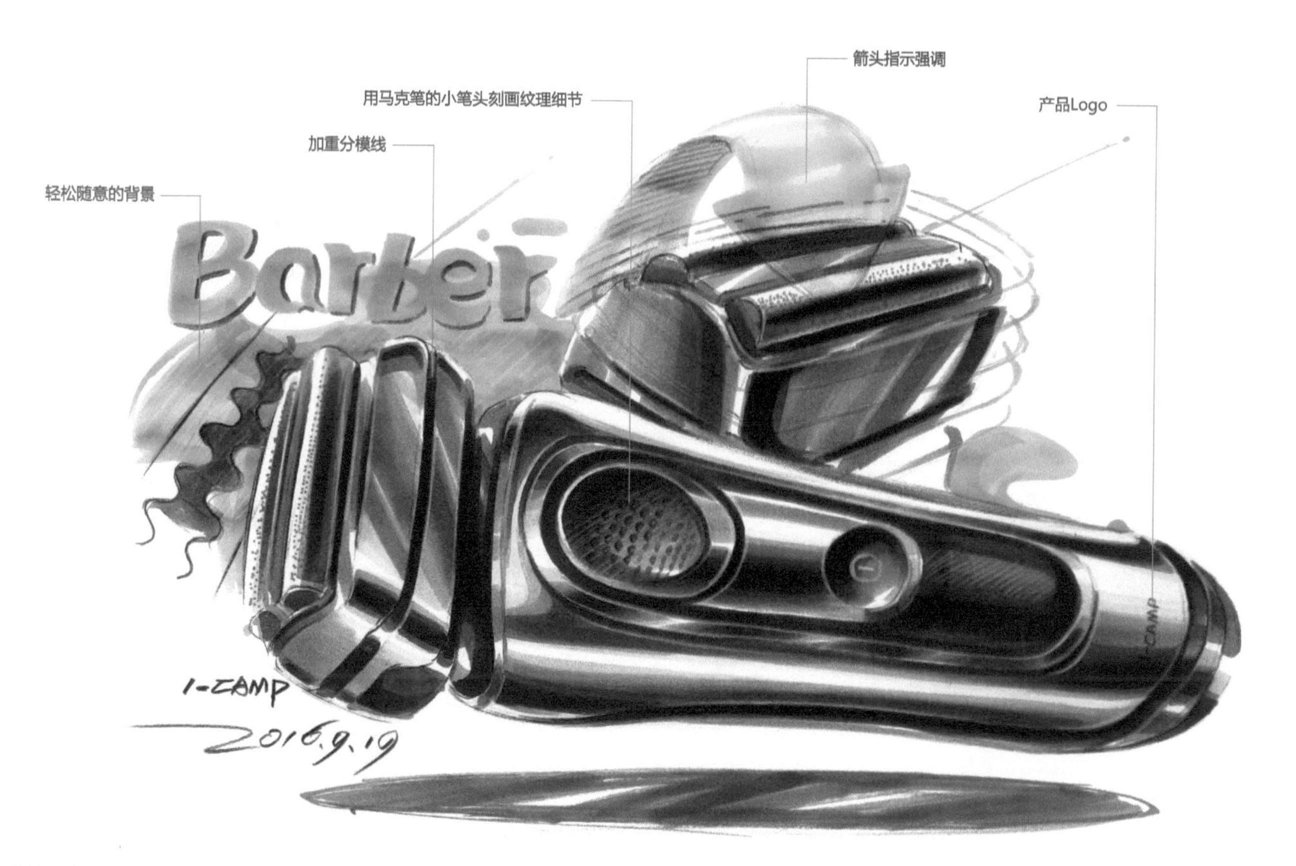

步骤10 用尖头铅笔修整一下整体的结构，最后给产品画上背景，以增强产品的画面空间感。

10.2 手电筒设计

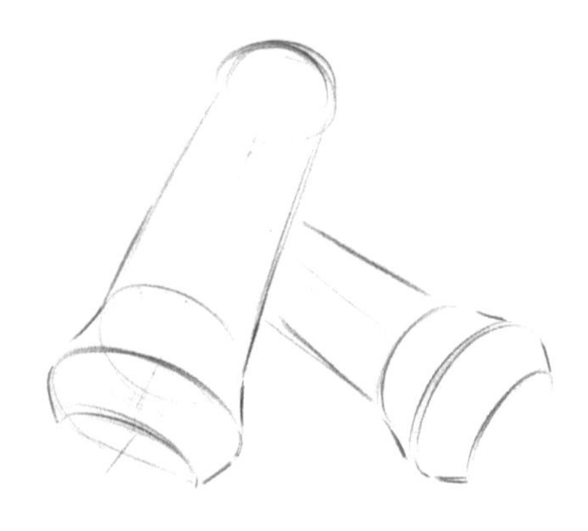

步骤01 用轻松的线条快速将手电筒的大致轮廓勾勒出来。

步骤02 调整整体造型并确定结构线条。

步骤03 先用灰色马克笔为灯头和尾部铺上颜色，注意光源的方向。

步骤04 选择红色和黄色作为手电筒的配色，注意明暗交界线和高光的位置要与产品的其他部分统一。

步骤05 用深色马克笔分别加重红色和黄色的明暗交界线。

步骤06 把手电筒的开关结构放大，并刻画细节。

使用颜色：

269	271	272	274
137	140	2	5

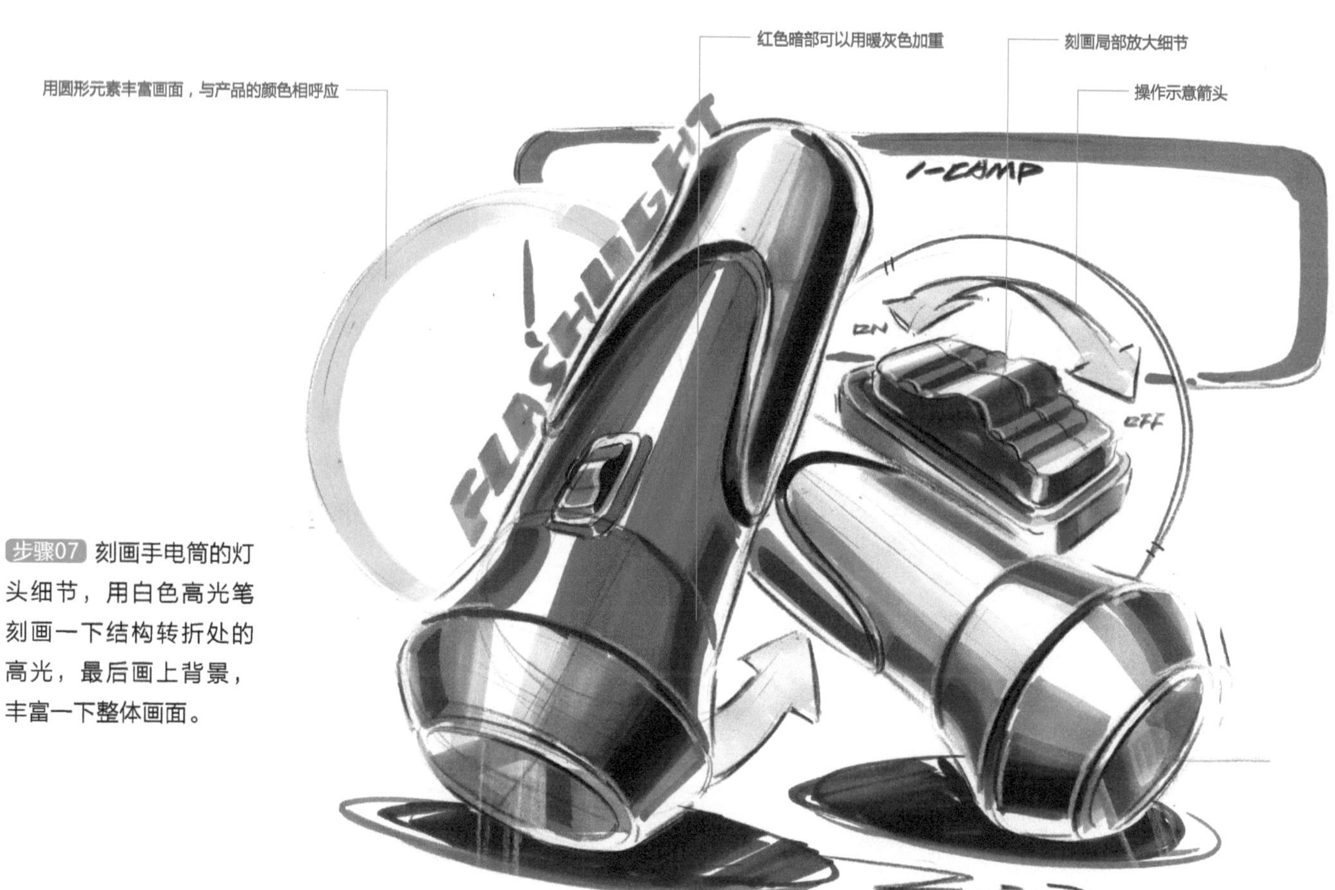

步骤07 刻画手电筒的灯头细节，用白色高光笔刻画一下结构转折处的高光，最后画上背景，丰富一下整体画面。

10.3 望远镜设计

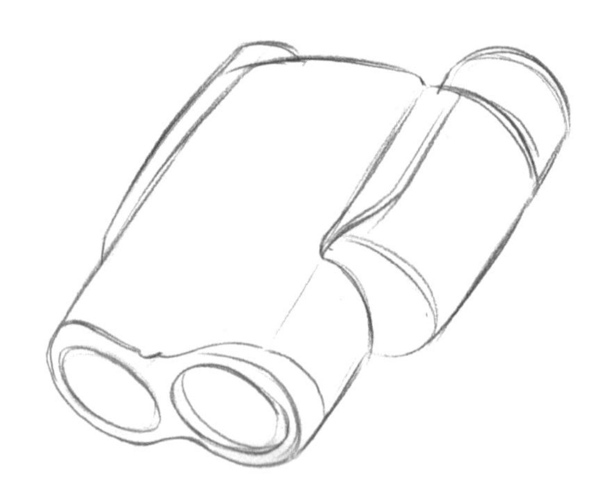

步骤01 先画出望远镜的外轮廓。

步骤02 调整轮廓线，根据比例画出产品的结构。

步骤03 用灰色马克笔整体给产品铺上底色，区分出亮暗面。

步骤04 加重产品的明暗交界线，可以看到整个产品的明暗关系很清晰。

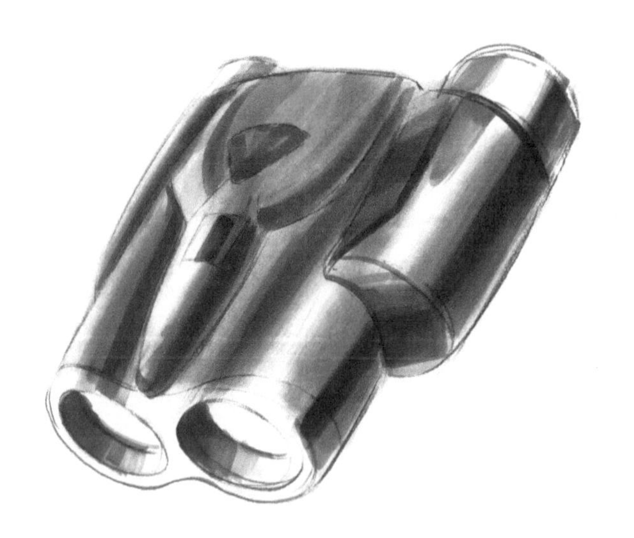

步骤05 涂抹色粉，建议使用化妆棉，它比较柔软，过渡比较均匀。

步骤06 用红色马克笔刻画结构的转折处，注意马克笔和色粉的颜色要接近。

步骤07 用橡皮擦清洁一下轮廓以外的色粉，保持画面干净也是很重要的。

步骤08 刻画产品的细节部分，如镜头、分模线、调焦滚轮等。

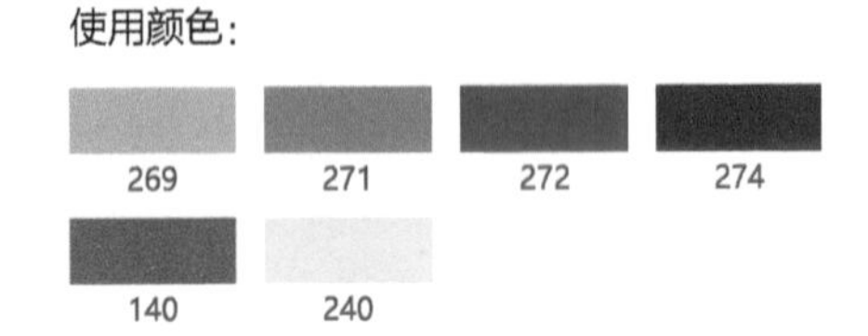

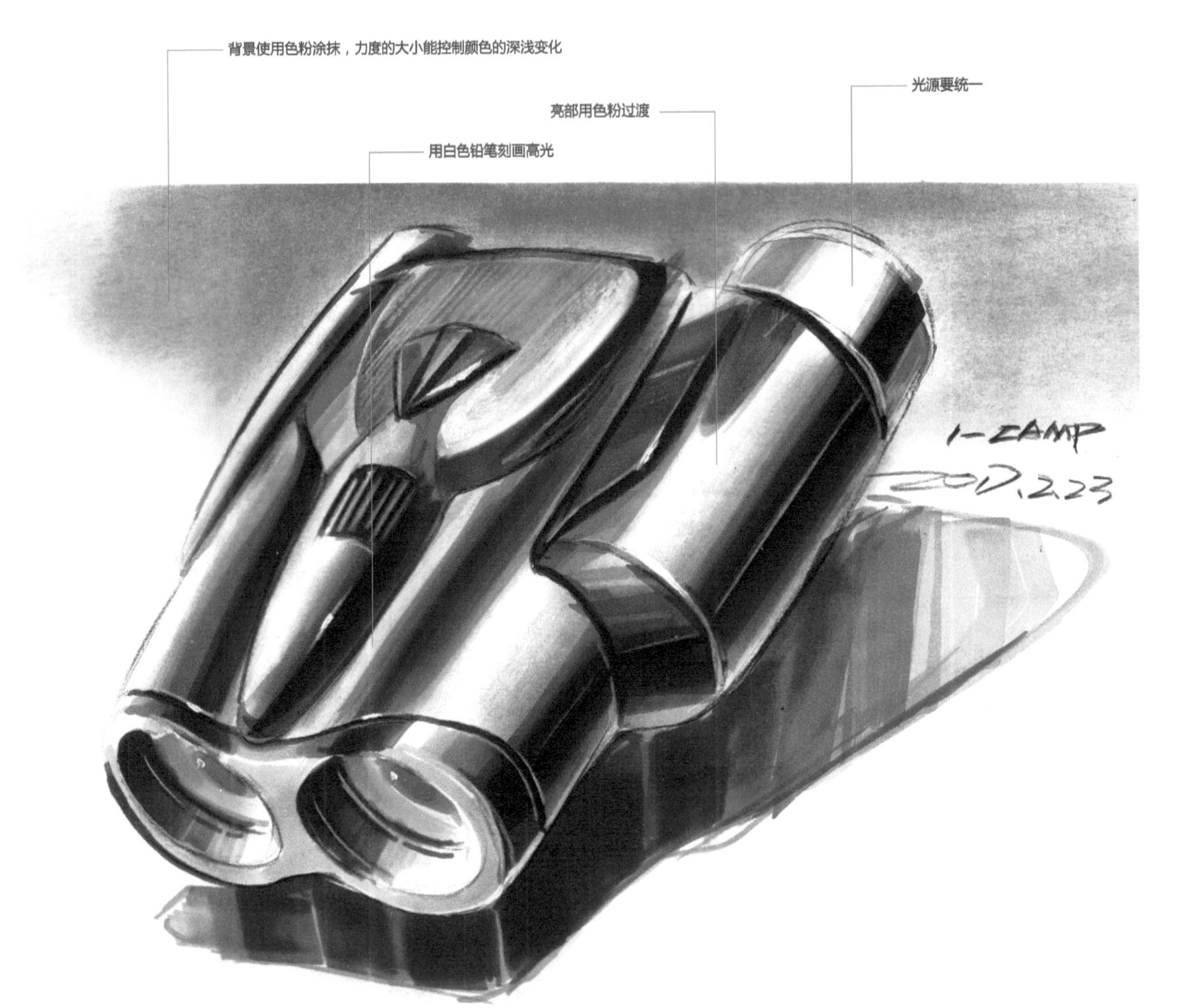

步骤09 给产品画上投影，拉开距离，可达到悬空的效果，增强画面的空间感。最后用蓝色色粉给产品涂上背景，要控制力度，以达到渐变的效果。边缘可以用胶带贴上，涂好色粉后撕下即可。

10.4 打蛋器设计

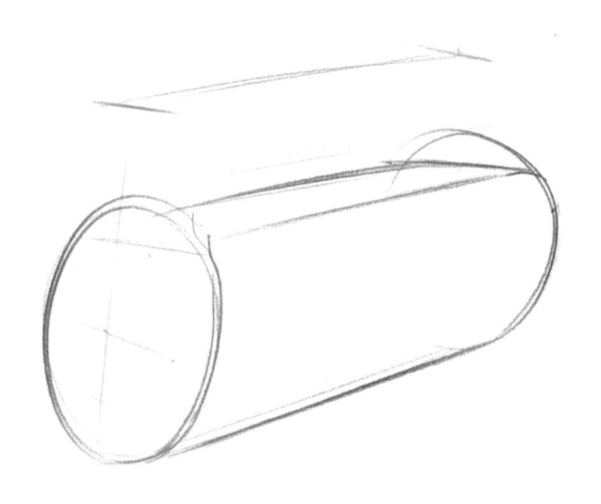

步骤01 先画出打蛋器的大致轮廓，整个产品的造型就像一个圆柱体。

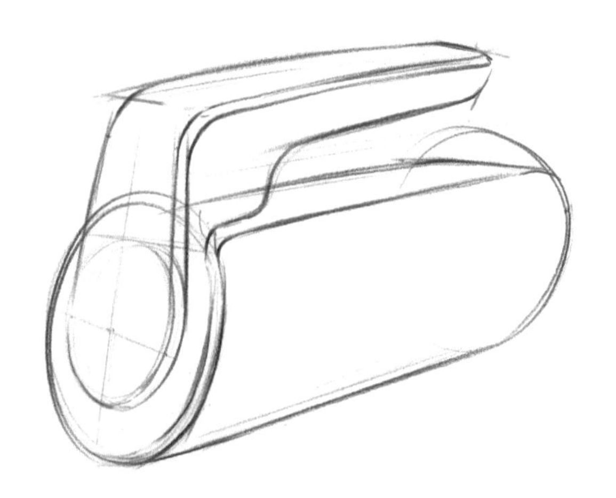

步骤02 在圆柱体的基础上进行切割，画出把手结构。

步骤03 修整产品的结构线并加重线条，根据透视图的比例画出侧视图。

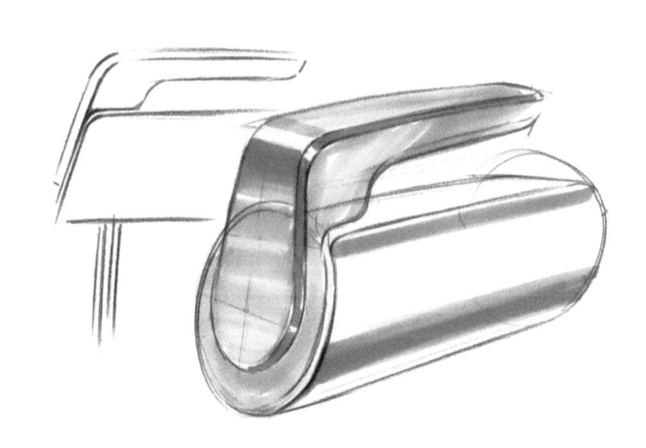

步骤04 用灰色马克笔给产品铺上颜色，在平面的地方要快速平刷，圆柱体的结构先画出明暗交界线。

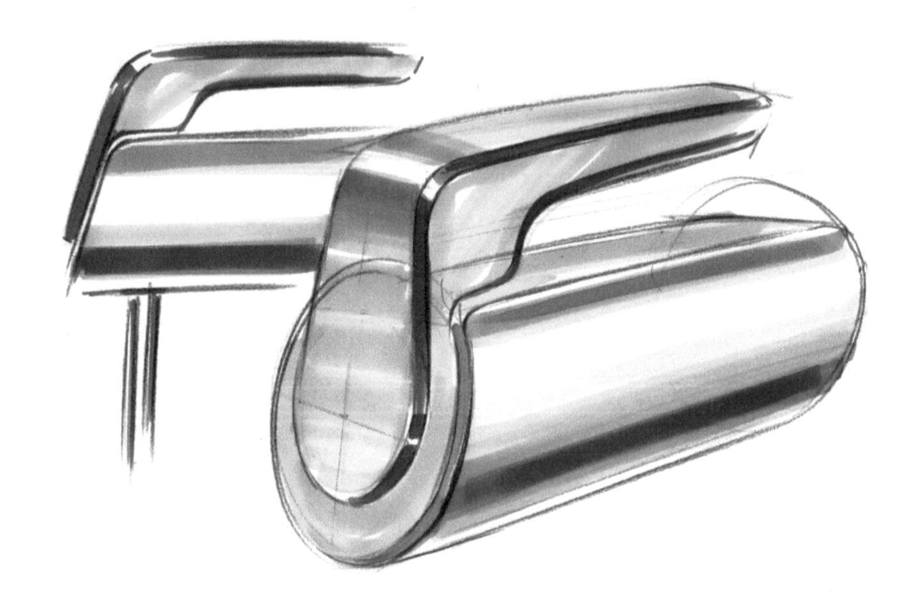

步骤05 用同样的方法快速地为侧视图也铺上颜色，注意笔触要连贯。加重暗面和明暗交界线。

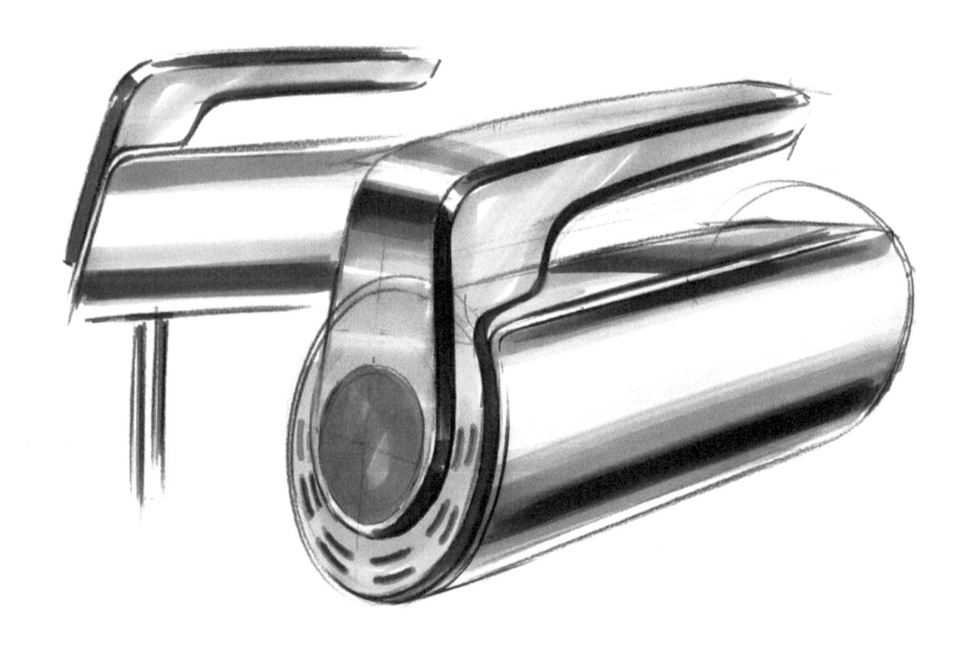

步骤06 继续用深灰色马克笔加重暗面和分模线，刻画打蛋器前面的散热孔细节。

使用颜色：

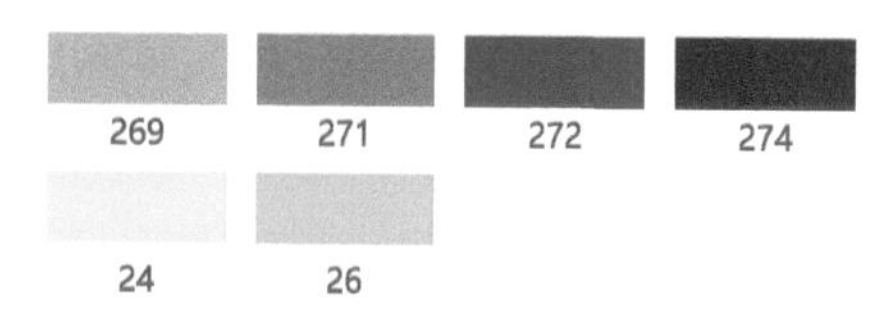

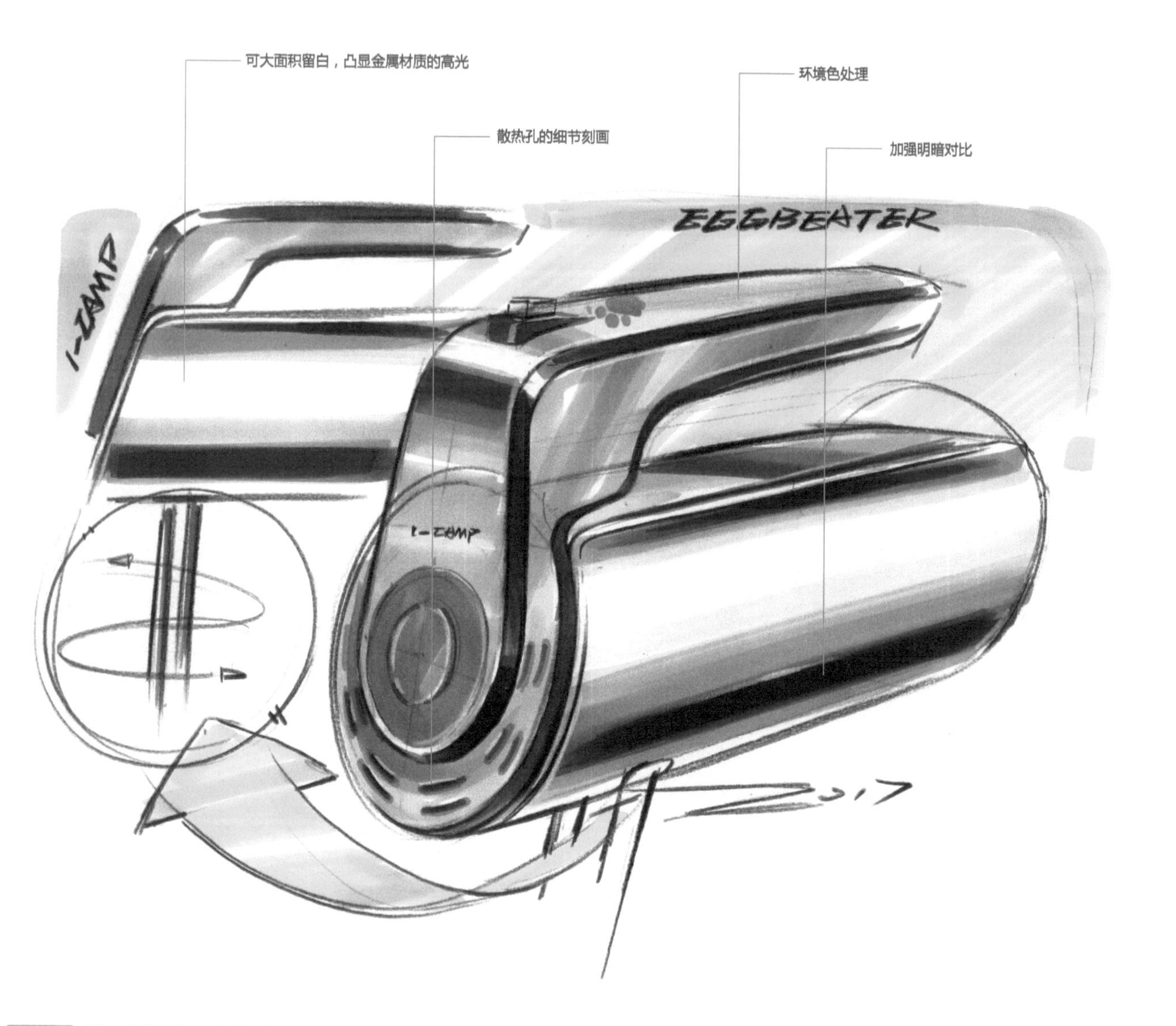

步骤07 进一步加重明暗交界线，注意金属材质的对比可以强一些，一定要留白，用白色铅笔刻画高光。最后给产品画上背景。

10.5 血压计设计

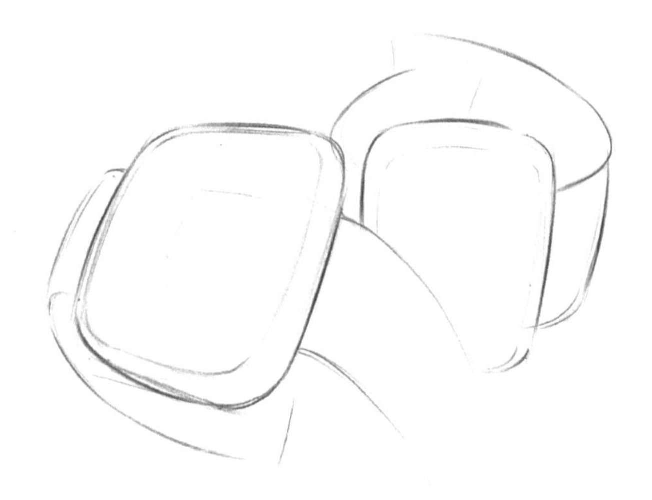

步骤01 根据产品的大小比例画出产品两个角度的大致轮廓。

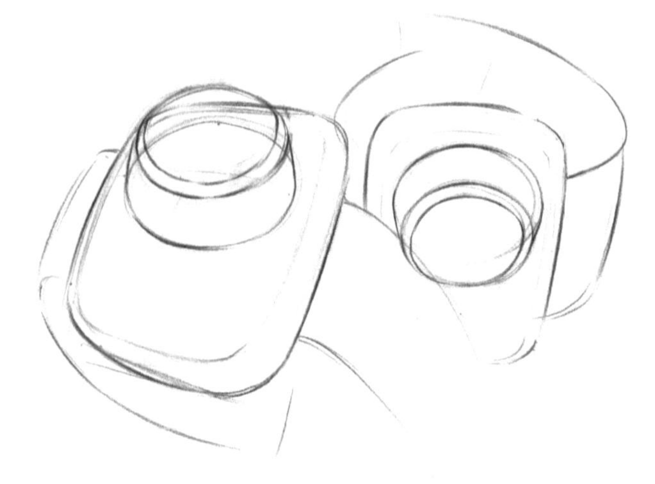

步骤02 确定好产品的形体结构及厚度，并加重线条。

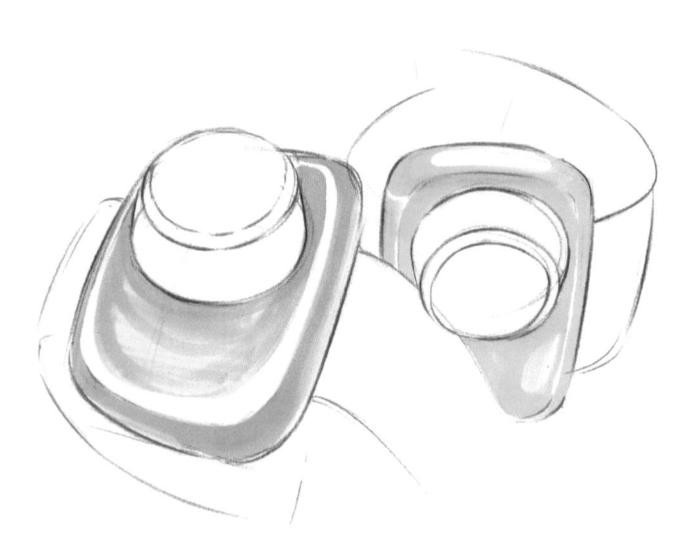

步骤03 当基本形体出来后，开始用马克笔上色。对于这种较圆润的结构，要注意在高光处留白。

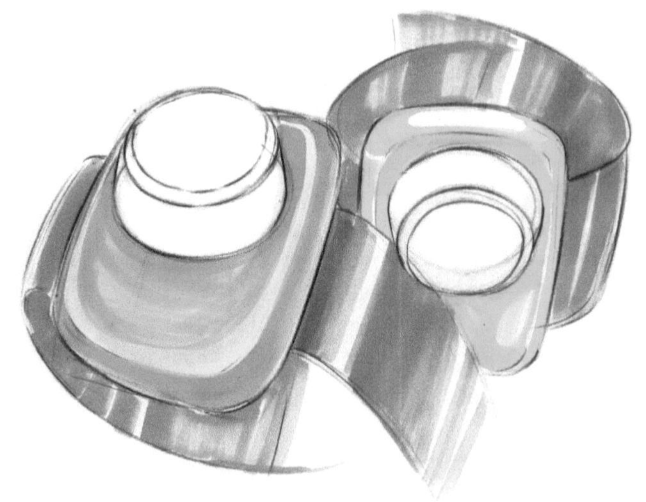

步骤04 先整体铺一层比较浅的固有颜色，注意不要着急加重颜色。

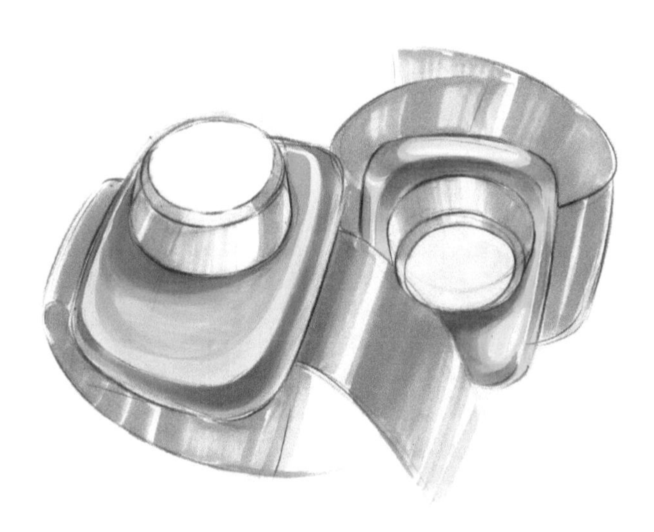

步骤05 用同色系的颜色加重暗部，注意从亮部到暗部颜色的过渡要自然。

步骤06 进一步加重皮带的颜色，画出厚度。用铅笔强调一下产品的结构。

步骤07 利用深色马克笔画出产品的特征线和按键结构，注意透视及比例关系。

步骤08 用蓝色色粉表现显示屏。涂抹时注意对力度的控制，要表现出渐变的效果。

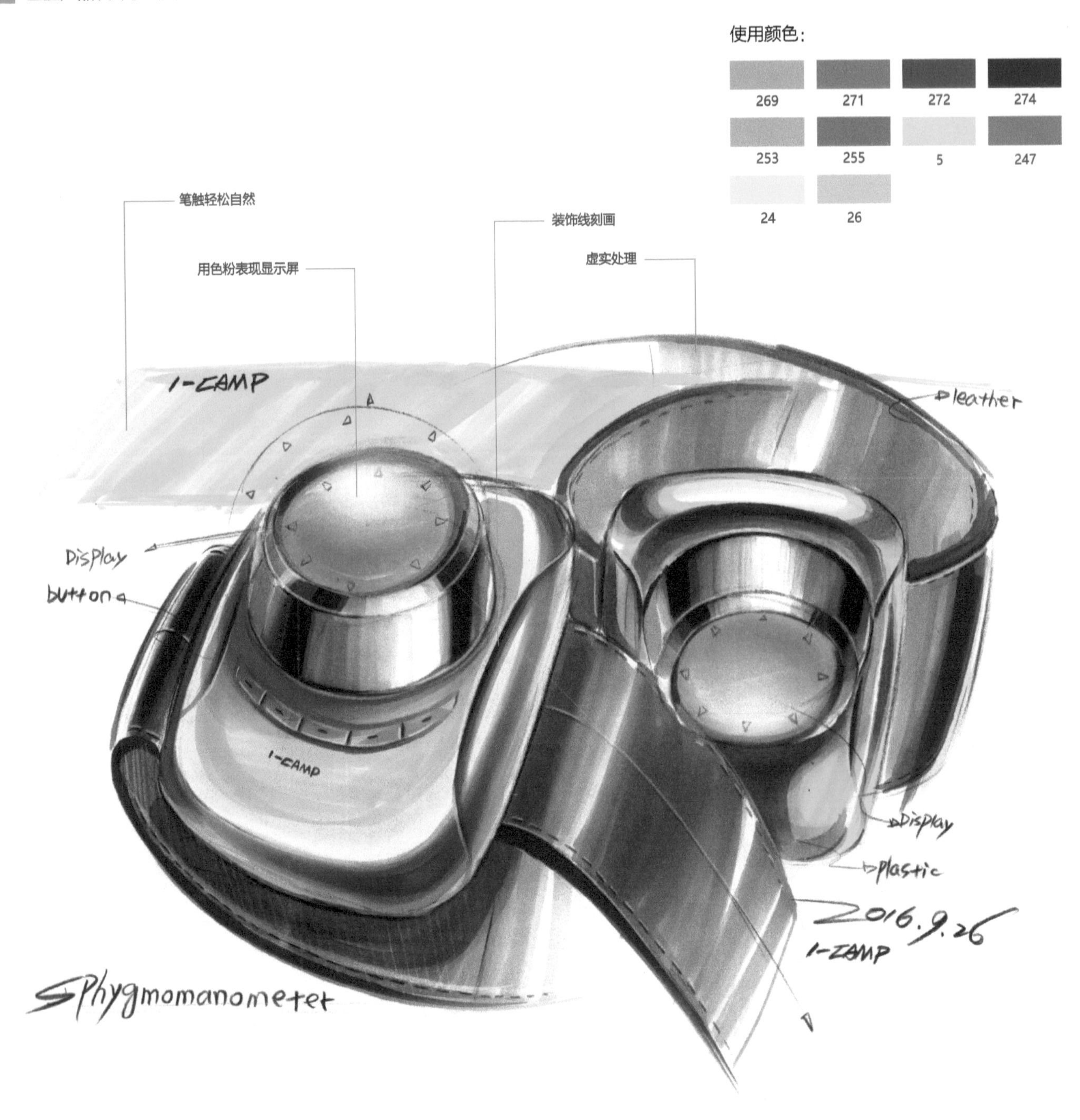

步骤09 整体加重明暗交界线，拉开材质的区别，用铅笔刻画皮革材质的线缝细节，给产品的结构写上文字注释，用白色铅笔画出高光，最后给产品画上背景。

10.6 理发器设计

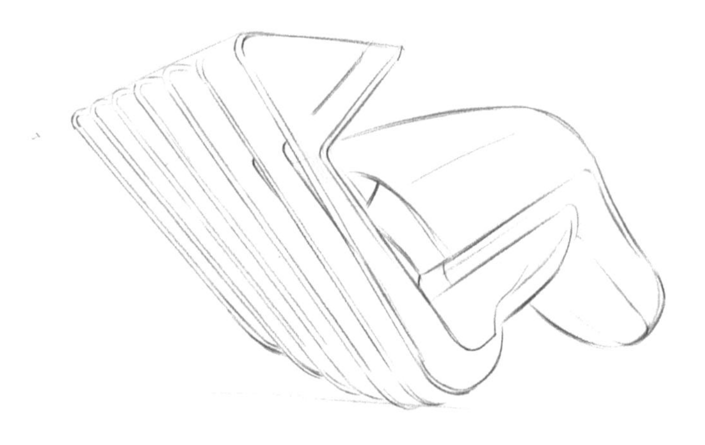

步骤01 先画出理发器的轮廓，梳子结构比较烦琐，需要耐心刻画。

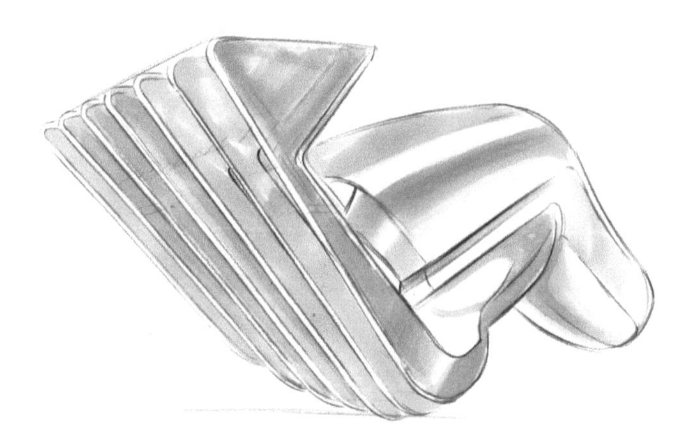

步骤02 用灰色马克笔为理发器的大体结构铺上颜色，注意高光处留白。

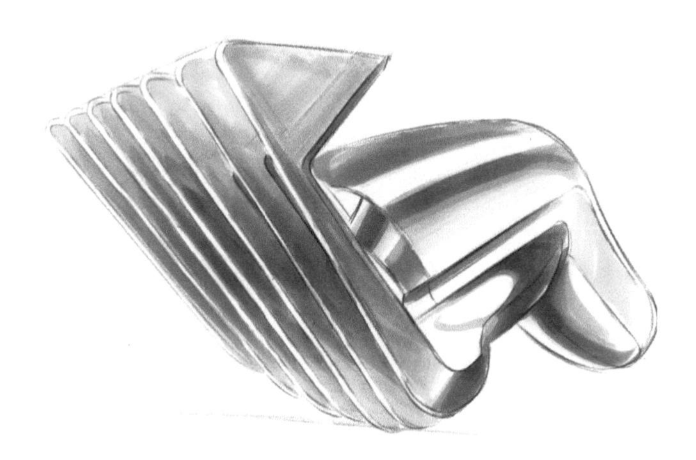

步骤03 一层一层加重暗面和明暗交界线，注意结构之间的关系，不要紧连在一起。

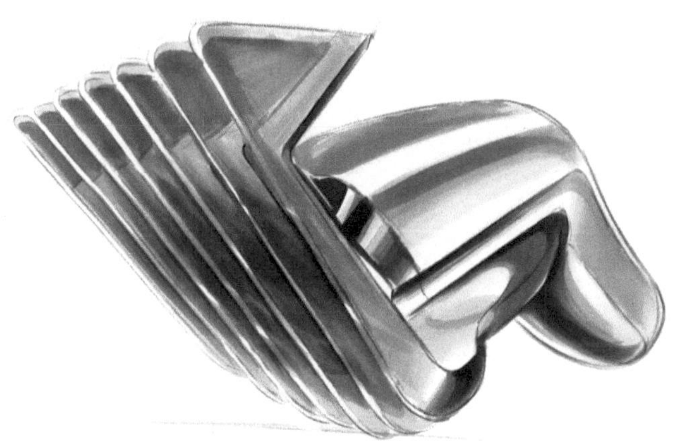

步骤04 进一步加重暗面和明暗交界线，金属材质可以加重对比。

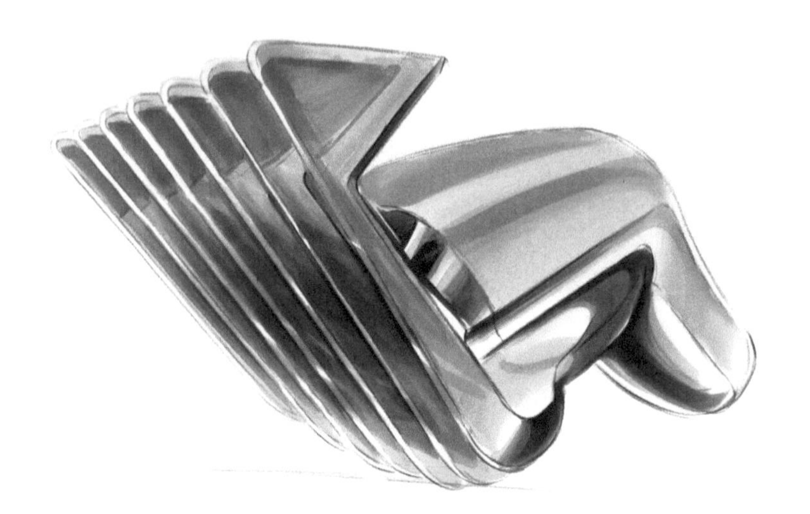

步骤05 用色粉铺上颜色，注意色粉要刮细腻，否则颜色过渡会不均匀。

步骤06 用深蓝色马克笔修整刚刚涂色粉的位置，加重明暗交界线。

步骤07 给产品画上倒影，以增强整体画面的空间感。

使用颜色：

269	271	272	274
5	240	241	

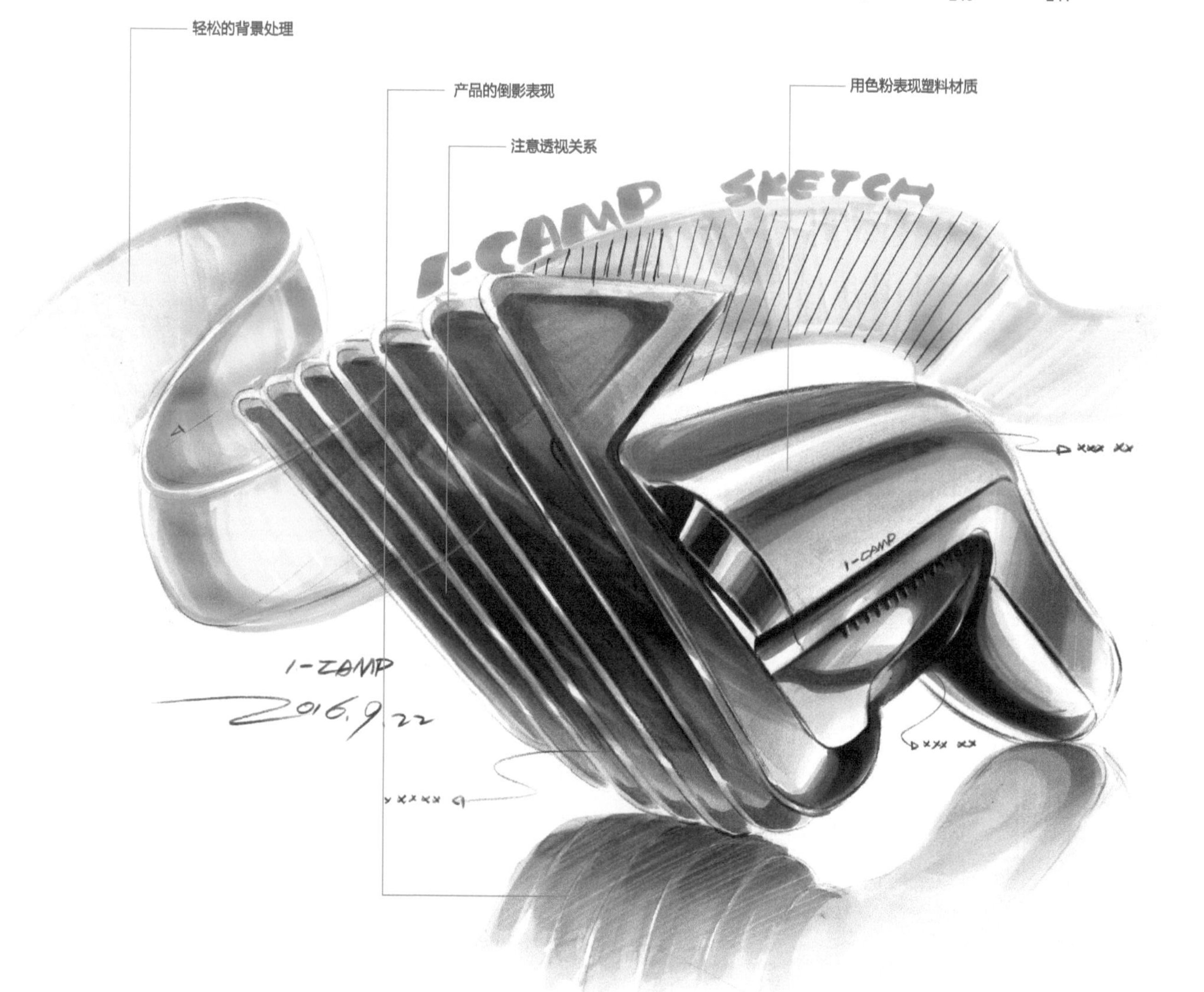

步骤08 用铅笔修整产品的结构线，强调分模线，刻画细节。最后给产品画上背景，背景是以丝带的形状表现，使画面更轻松、更具有活力。

10.7 订书机设计

步骤01 先画出几个不同角度的订书机线稿，注意前后、大小的对比。

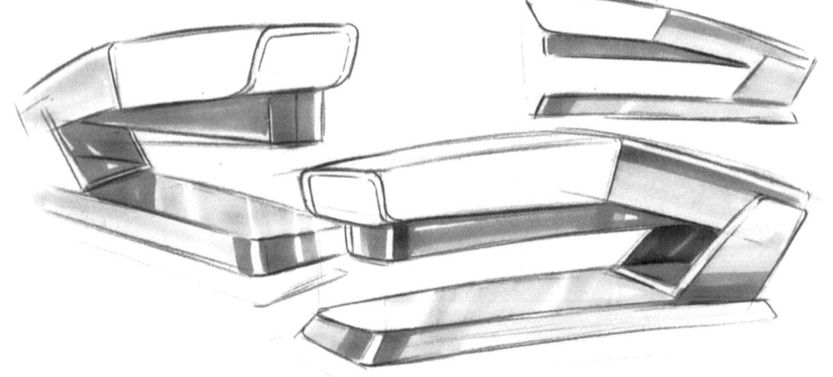

步骤02 大致形态出来后，用浅灰色马克笔概括整体的明暗关系。

步骤03 用彩色马克笔顺着结构铺上颜色，注意高光留白的位置要统一。

使用颜色：

269　271　272　274

24　26　241

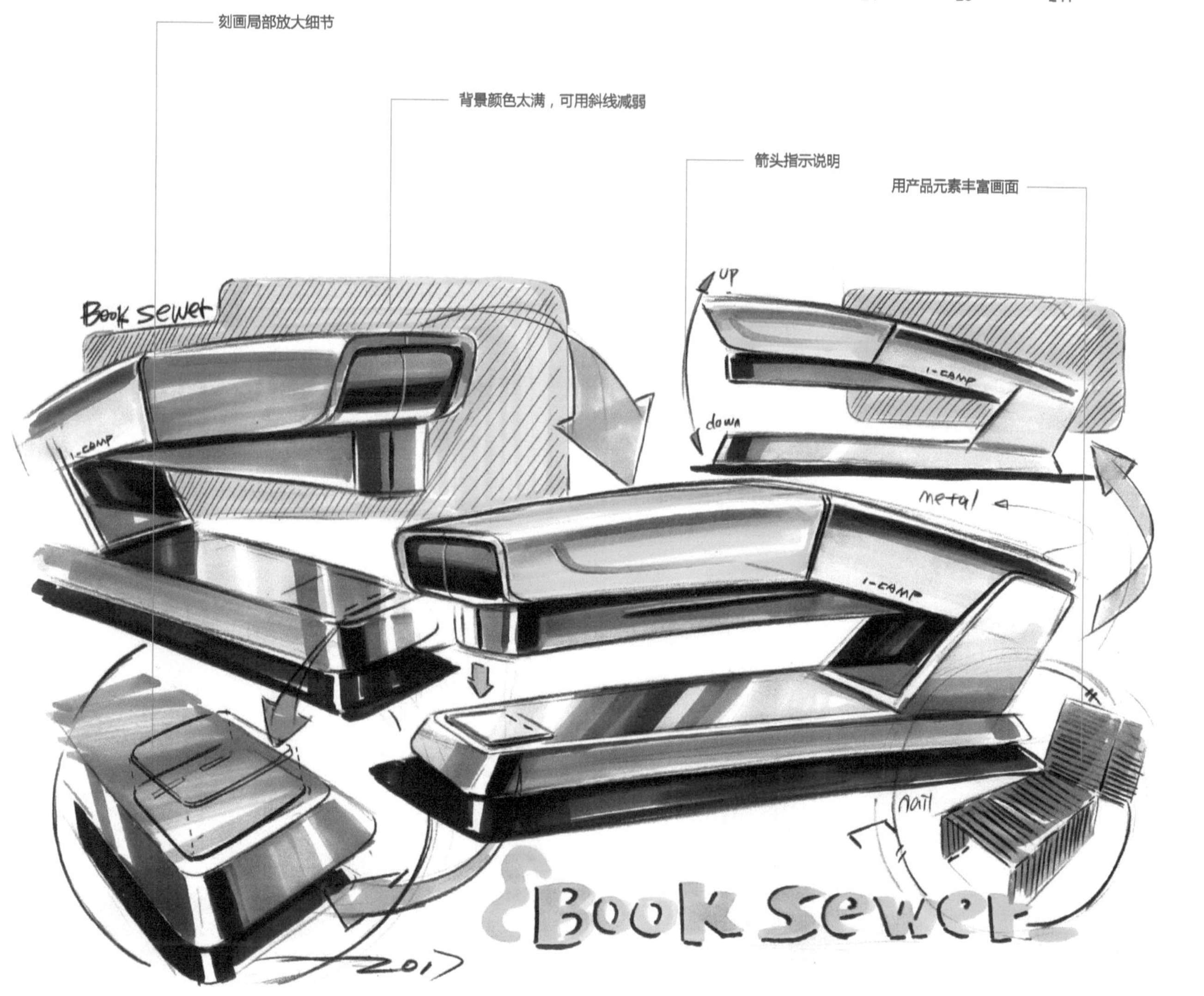

步骤04 加重整体的明暗交界线，加强亮暗对比，突出金属质感，刻画局部放大细节，最后用背景色块将画面中的产品联系起来。注意画面中避免出现过多颜色，以免过于花哨。

10.8 潜水面具设计

视频：潜水面具设计

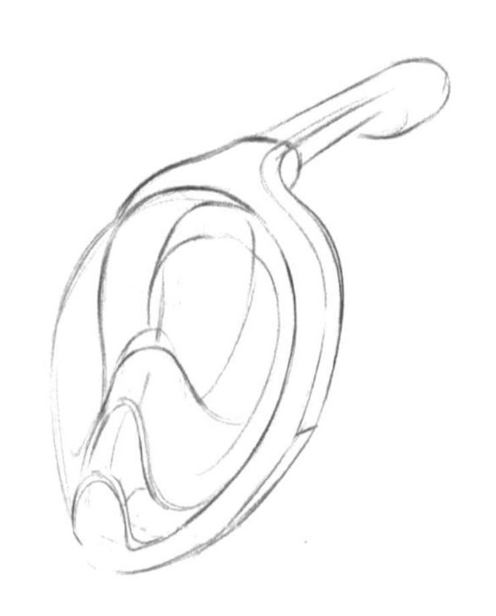

步骤01 先用轻松的线条画出潜水面具的大致结构。

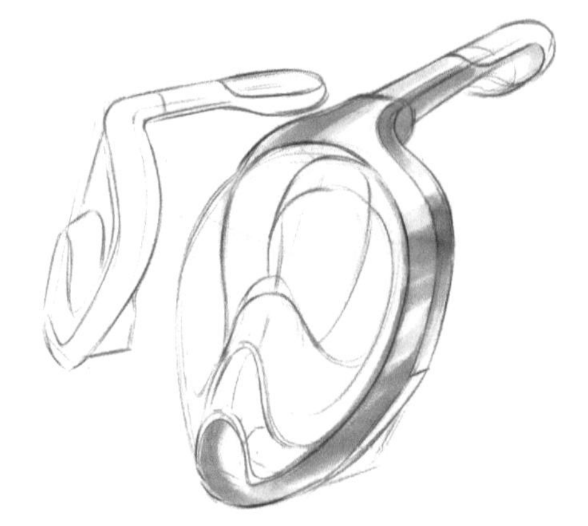

步骤02 根据透视图画出侧视图，注意前后大小对比。用浅灰色马克笔画出大致的明暗关系。

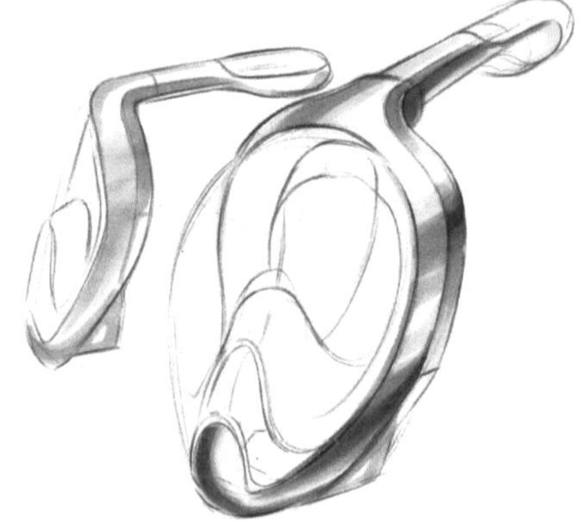

步骤03 用同样的方法概括一下侧视图，加重明暗交界线。

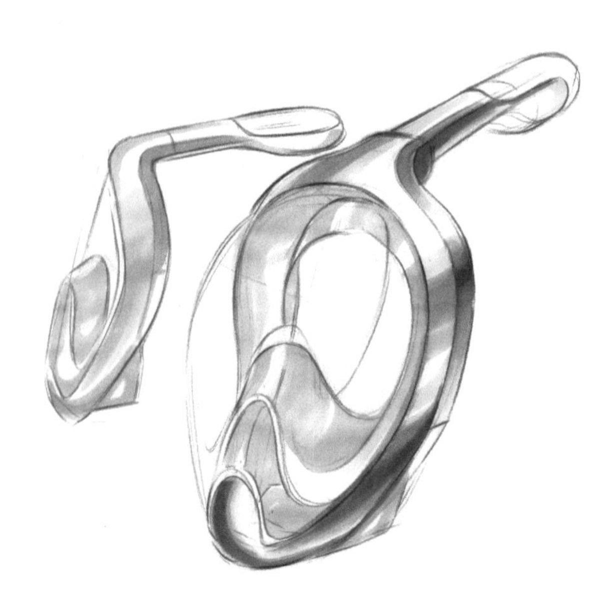

步骤04 用蓝色马克笔给内部的结构铺上颜色。

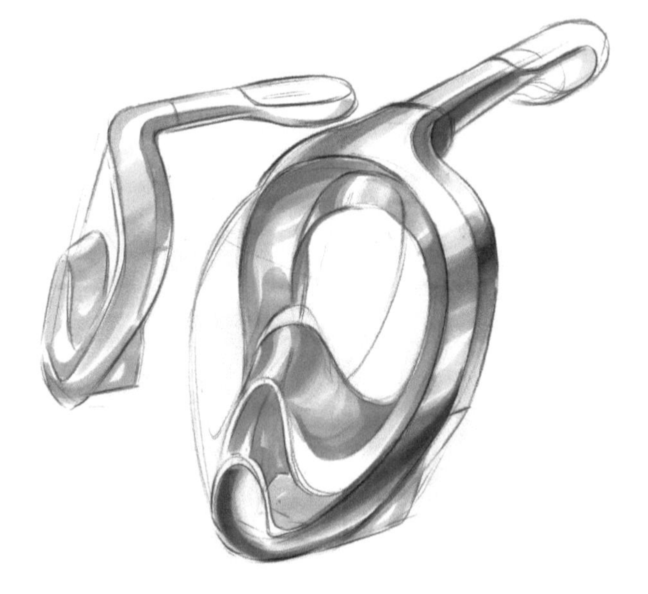

步骤05 加重蓝色部分结构的暗部和明暗交界线，用尖的铅笔修整一下被马克笔遮盖的结构线。

使用颜色：

269	271	272	274
2	5	240	241

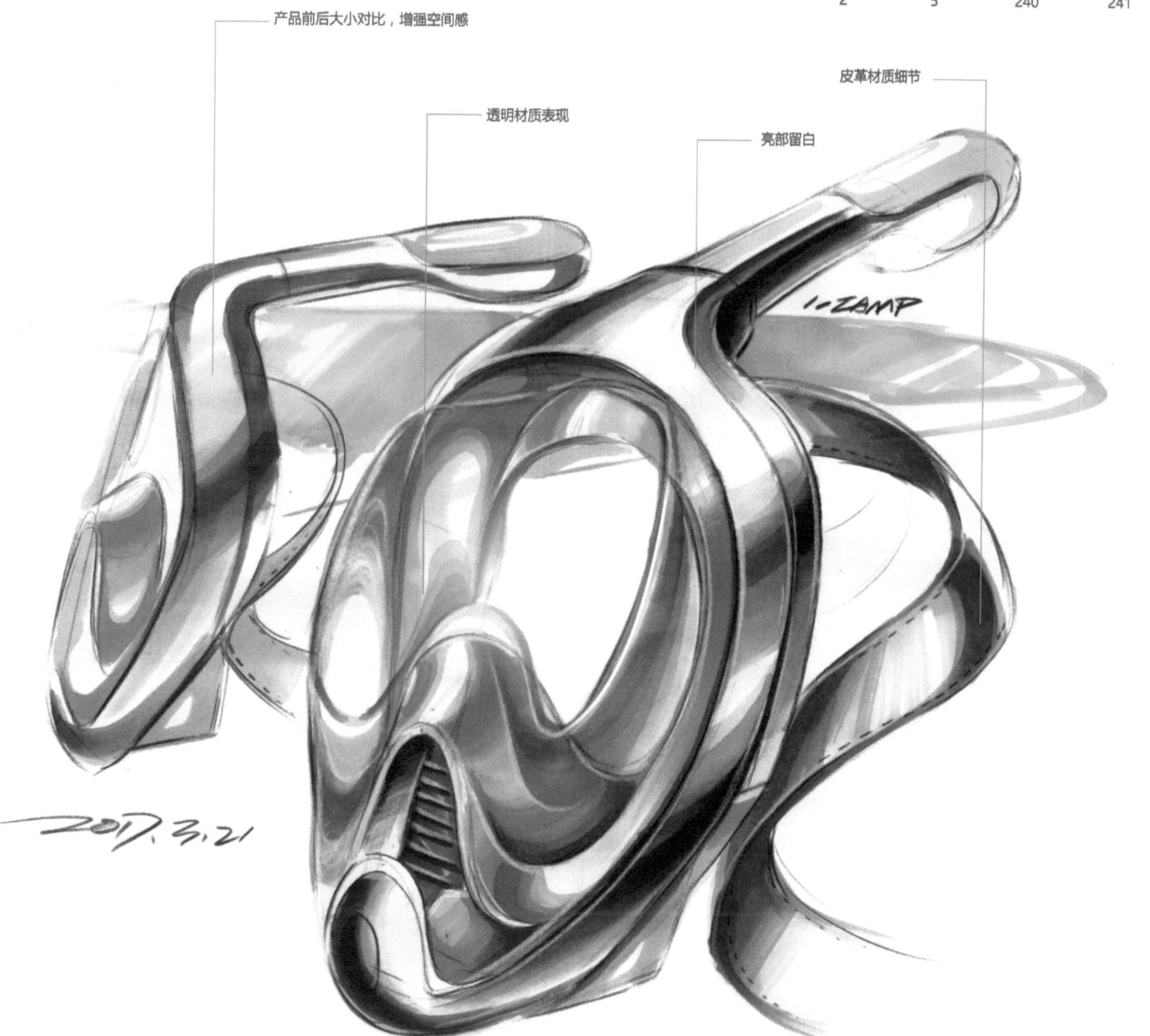

步骤06 进一步加重明暗交界线，刻画透明亚克力材质的厚度、绑带的线缝细节等，最后画上背景。

10.9 高尔夫球包设计

步骤01 用轻松的线条将高尔夫球包的外轮廓勾勒出来。

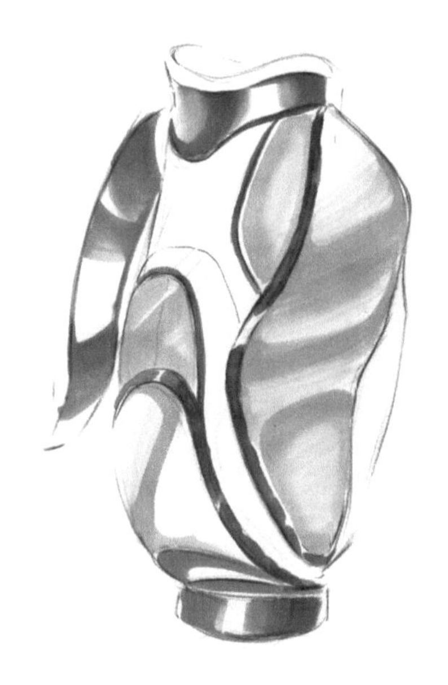

步骤02 用灰色马克笔给整体结构铺上颜色，注意笔触要轻松。

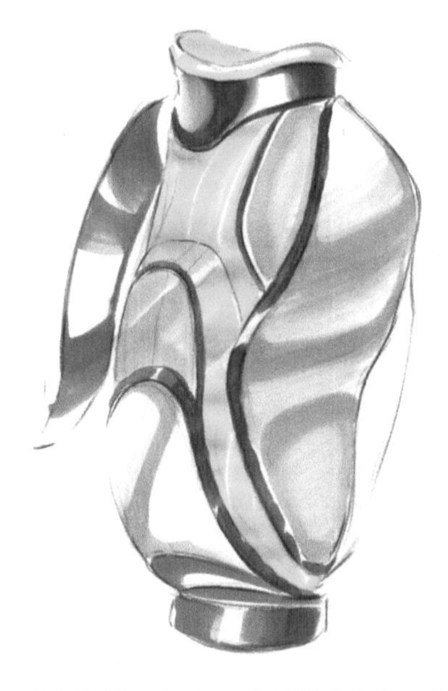

步骤03 用绿色马克笔铺上颜色，注意整体的光影位置要一致。

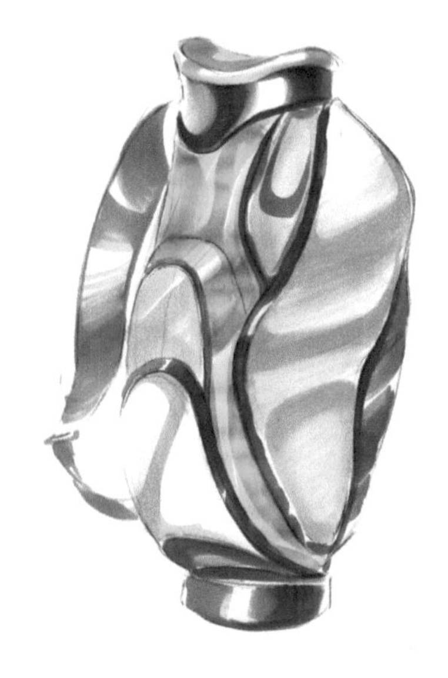

步骤04 皮革材质较软，不能用硬笔处，运笔方向要跟着结构走。

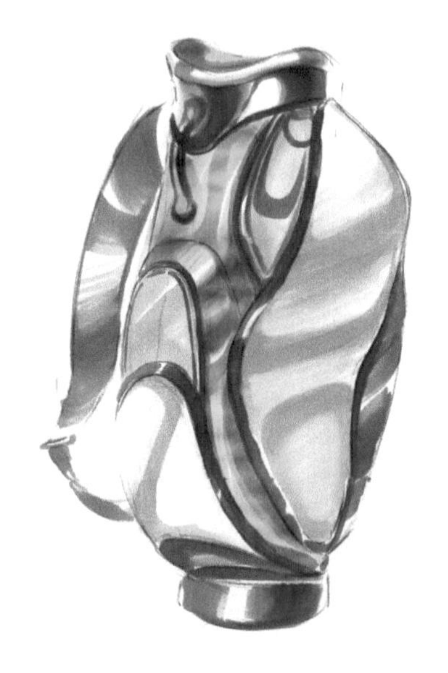

步骤05 用铅笔刻画结构线，将不同的材质结构表达清楚。

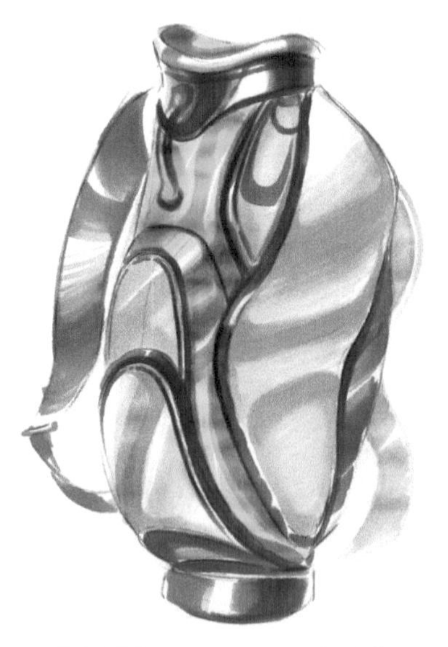

步骤06 加重整体结构的暗部，用马克笔直接勾勒出背带结构。

步骤07 画出包的拉链细节，先整体概括，再画出靠前的拉链细节。

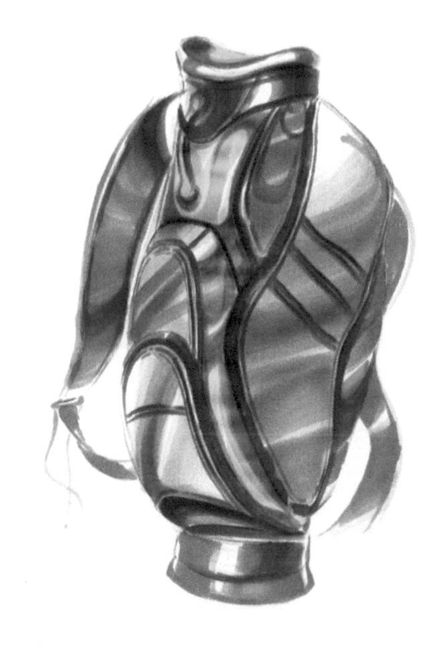

步骤08 刻画出高尔夫球包的特征线，因为是不规则的结构，所以在画表面的特征线时要注意透视关系。

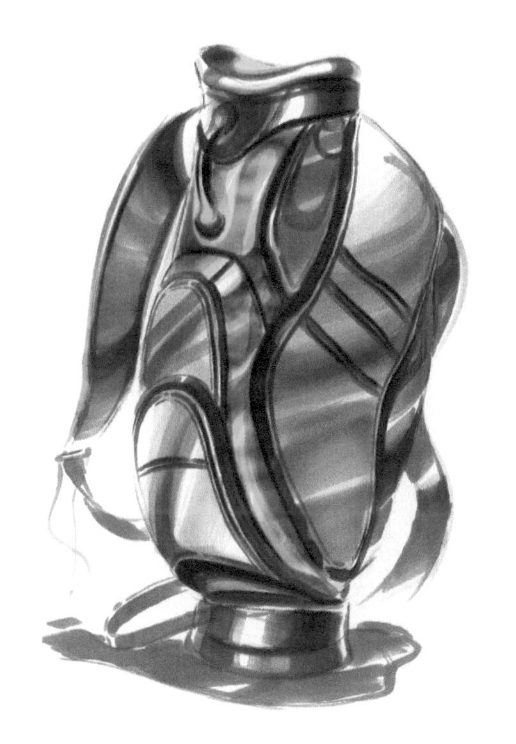

步骤09 进一步加重明暗交界线，利用深色的马克笔压一下凹进去的结构和线缝之间的空隙。

使用颜色：

269　271　272　274

24　26

步骤10 用铅笔修整一下整体的结构线并适当加重，刻画出线缝的细节，表现出皮革的材质效果，最后画一些高尔夫球杆元素作为背景，让整个画面更具有主题性。

10.10 救援面罩设计

步骤01 先画出面具的大致轮廓，注意结构要表达清晰。

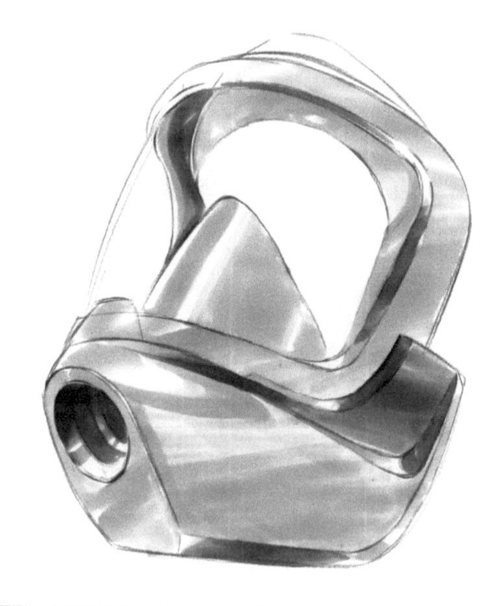

步骤02 大致形态出来后，用灰色马克笔给产品整体铺色。

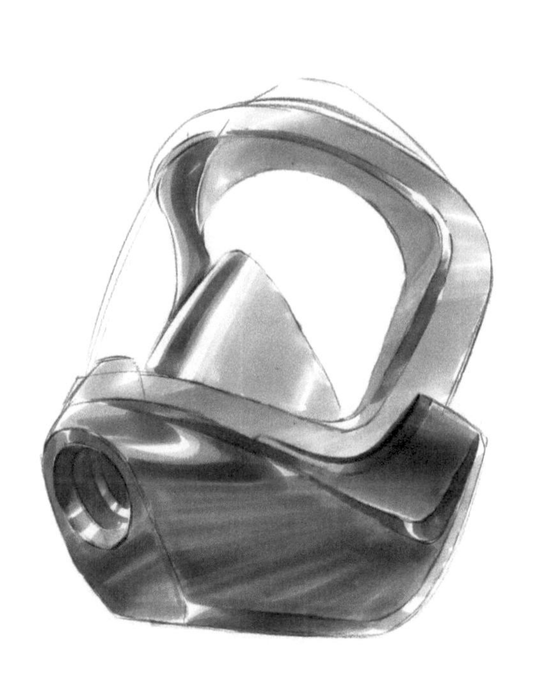

步骤03 加重产品的暗面结构，注意在运笔时要统一方向。

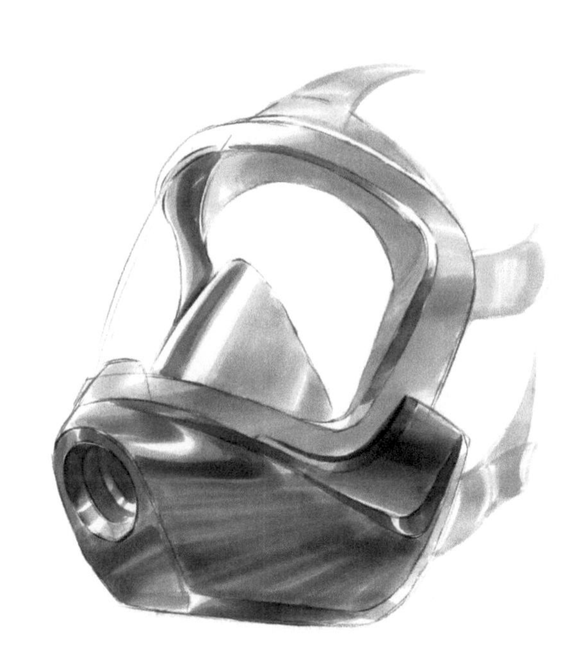

步骤04 根据面具的大致形状，在边缘画出固定带，注意虚化。

步骤05 用深色马克笔画出表面的细节和结构小厚度。

步骤06 进一步加重暗面和明暗交界线，用铅笔修整一下产品整体的结构线。

步骤07 用马克笔再对亮暗面过渡一下，刻画内部的结构，要注意顺着曲面方向运笔。

步骤08 根据面具的大小画出大概的人头比例，注意减弱对比，用浅色马克笔表达即可。

使用颜色：

269　271　272　274

241

浅蓝色背景的形状不一定是矩形

透明材质的刻画，注意厚度表现

结构厚度刻画

大致的人头轮廓虚化处理

I-CAMP

步骤09 基本明暗关系已经表达出来后，刻画面具的透明挡风玻璃，注意不用涂太满。用白色铅笔处理一下高光的地方，最后画上背景，以衬托产品。

10.11 医疗注射器设计

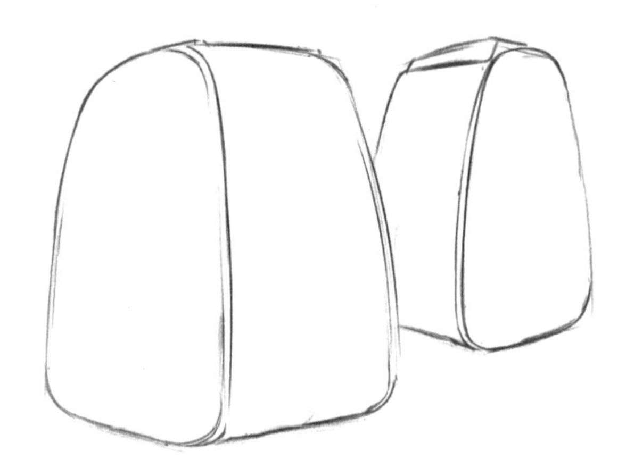

步骤01 根据产品的大小比例画出产品两个角度的大致轮廓。

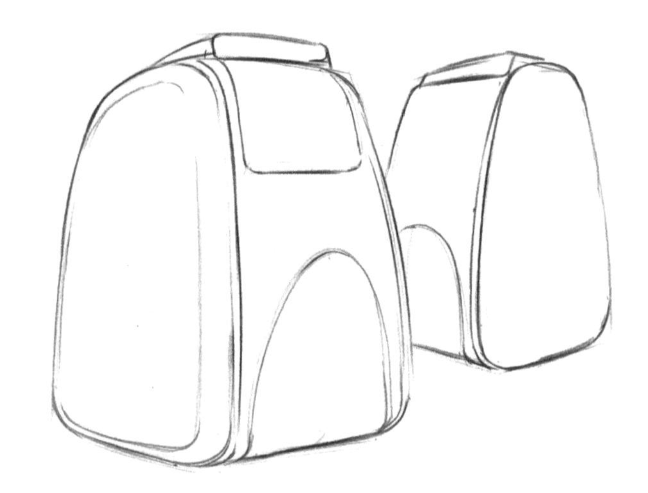

步骤02 确定产品造型轮廓，并加重线条。

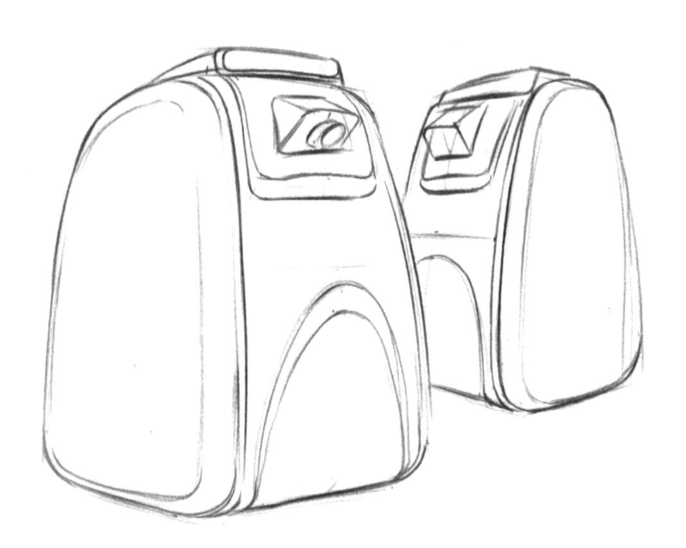

步骤03 画出产品上面的结构细节，把多余的线条擦干净，准备用马克笔上色。

使用颜色：

269 271 272 274

241 2 5 247

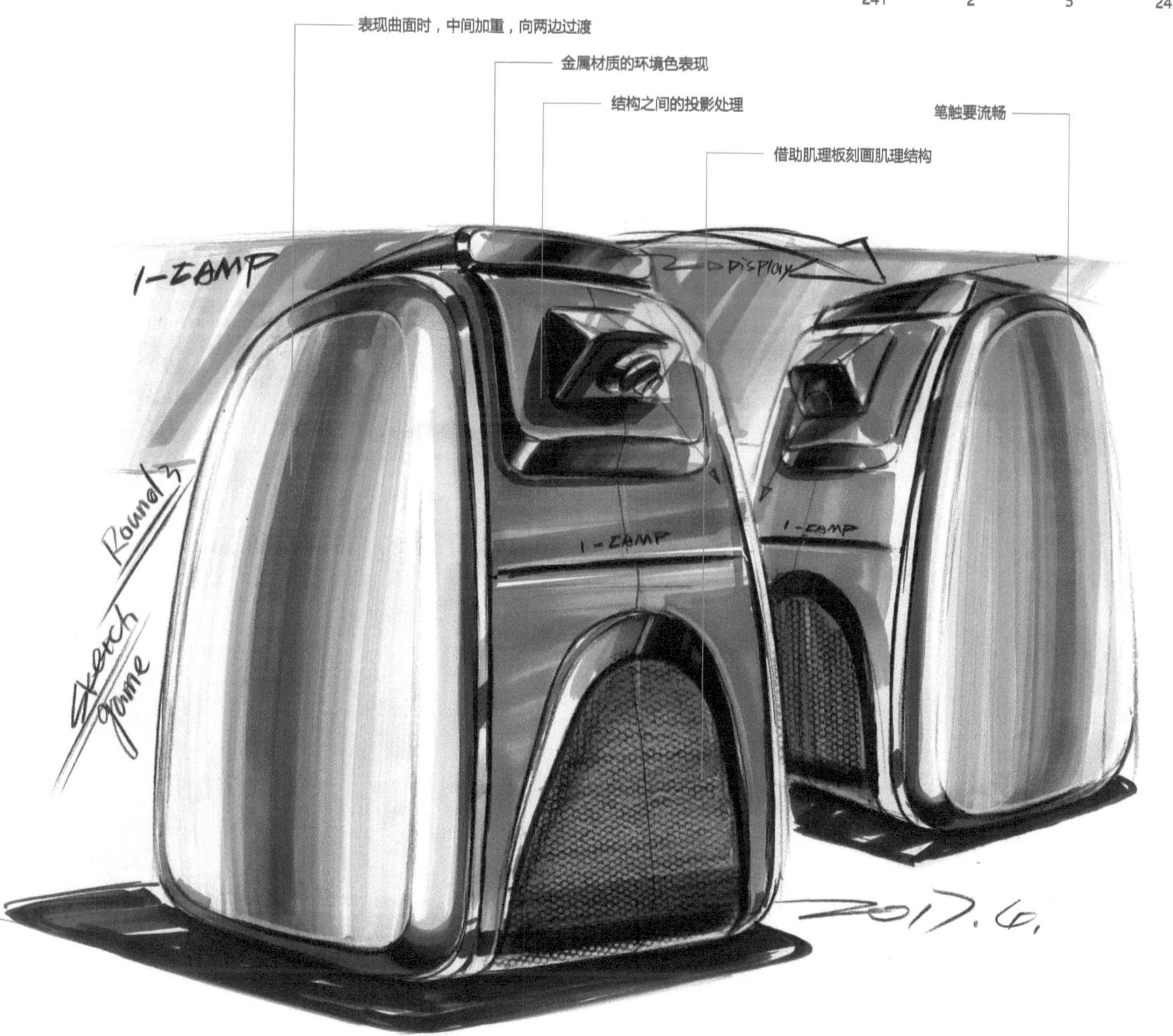

步骤04 马克笔上色阶段。先用浅色马克笔铺底色，再用深一点的马克笔过渡，以表现出结构的层次变化。前面的肌理结构可以借助肌理板刻画。最后给产品画上背景，以丰富画面。

第11章

交通工具类绘制范例

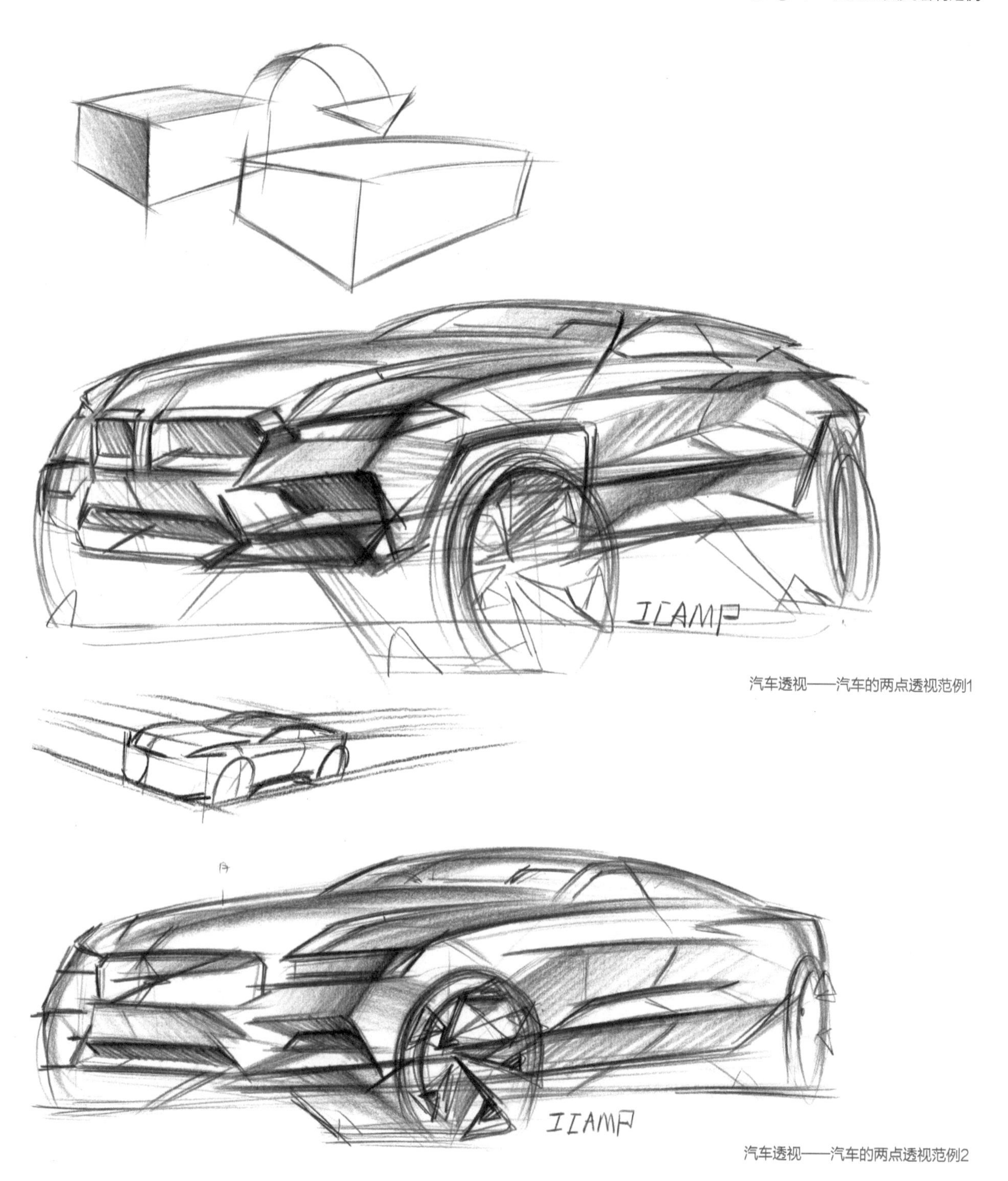

汽车透视——汽车的两点透视范例1

汽车透视——汽车的两点透视范例2

11.1 汽车的侧视表现

汽车侧视是比较重要的角度，体现出了车型、工程布置、轴距比例等特征。

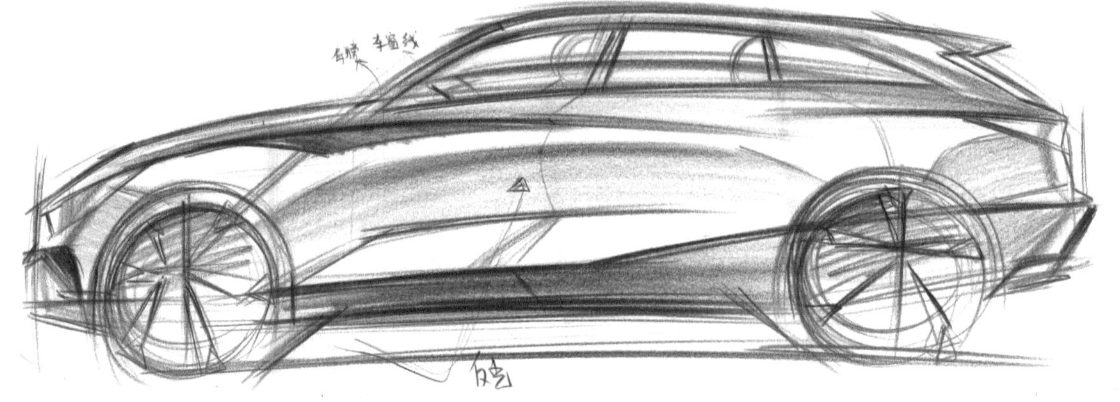

从线条质量到体量感的表达，两者在汽车的侧视表现中都非常重要。

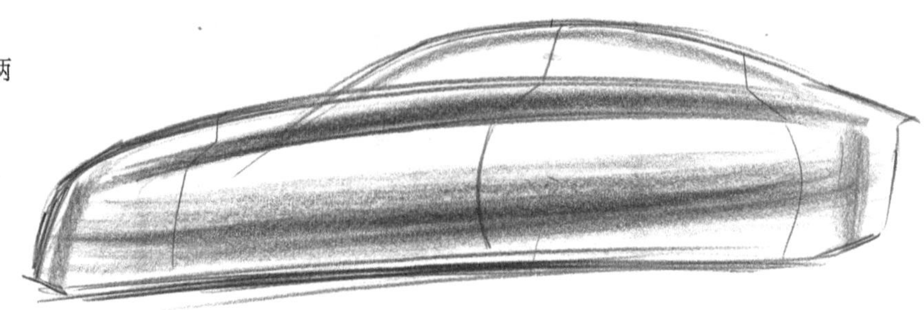

线条的质量和体量感的表达过关后，可以过渡到用马克笔渲染。

11.2 汽车板绘效果表现

步骤01 确定线稿、透视光影和造型特征，强化姿态和运动感。

步骤02 填充背景颜色和车体颜色，把车看成简单的球体。

步骤03 增加环境光，强化车体造型特征。

步骤04 进一步丰富曲面变化，增加暗部反光和通透性。

步骤05 进一步丰富环境光，最后刻画车灯和轮子等细节。

11.3 汽车后45°表现

汽车后45°表现，需注意对汽车后面的转折处的表达。

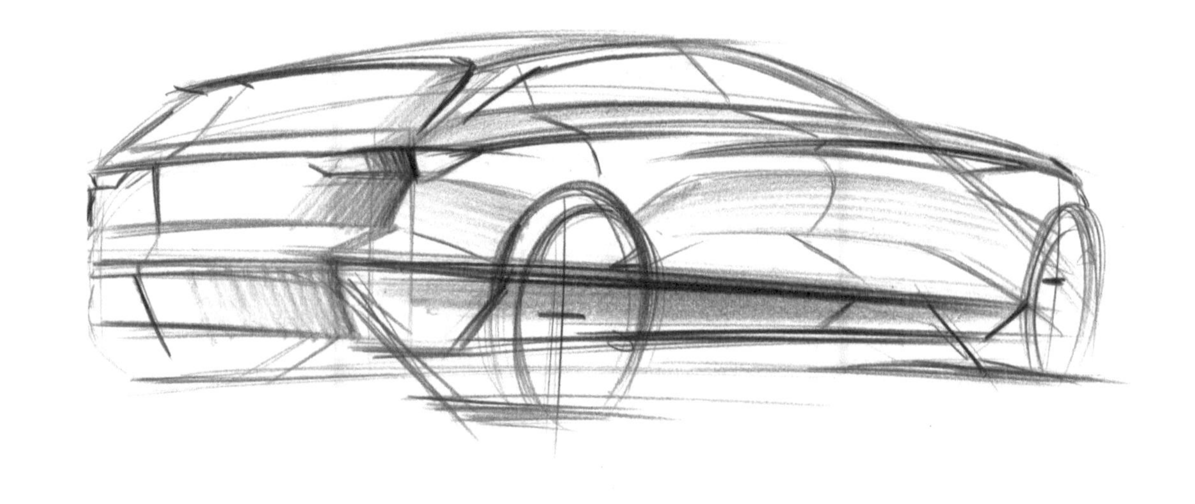

11.4 汽车前45°表现

视频:汽车前45° 表现

汽车前 45° 表现，注意汽车前脸和车身的协调关系，要表达出比较霸道的气势。

11.5 马克笔与色粉的汽车表现1

步骤01 确定汽车的线稿，保证比例、透视、形态没有问题。

步骤02 因为后期要涂抹色粉，所以先用灰色马克笔表现出暗部，再用黑色马克笔表现车窗、轮子、格栅等结构。

步骤03 根据马克笔表现的光影，用色粉涂抹暗部。

步骤04 用橡皮擦修整色粉的变化，用深色马克笔继续完善车轮细节。

步骤05 用白色铅笔、水粉等工具提亮高光区域，刻画边缘厚度，以完善整体画面的效果。

11.6 马克笔与色粉的汽车表现2

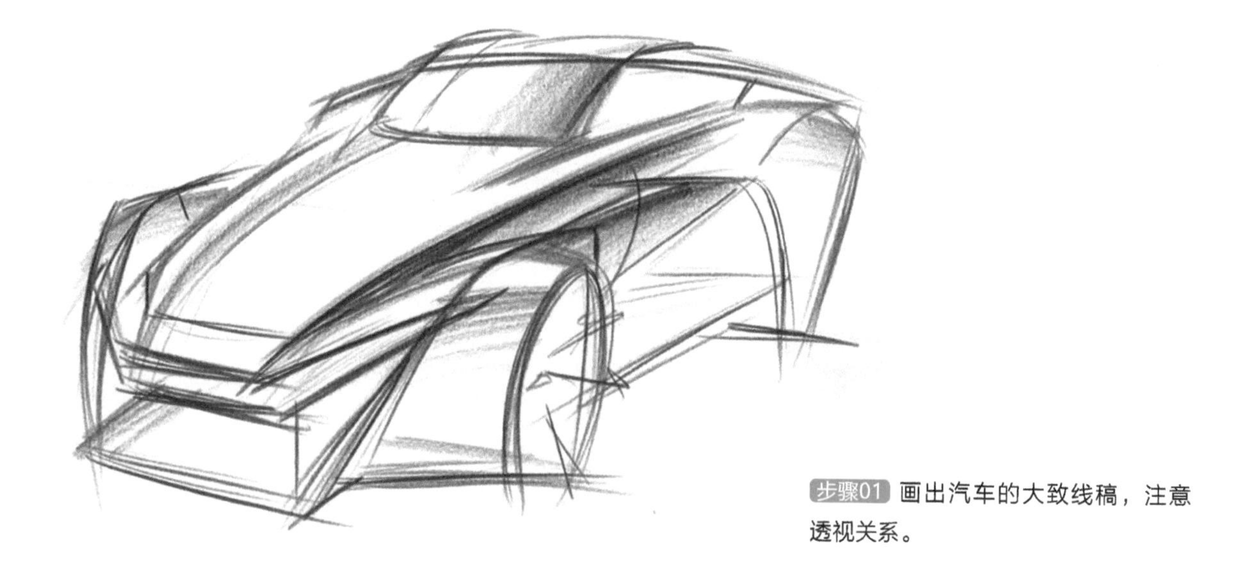

步骤01 画出汽车的大致线稿，注意透视关系。

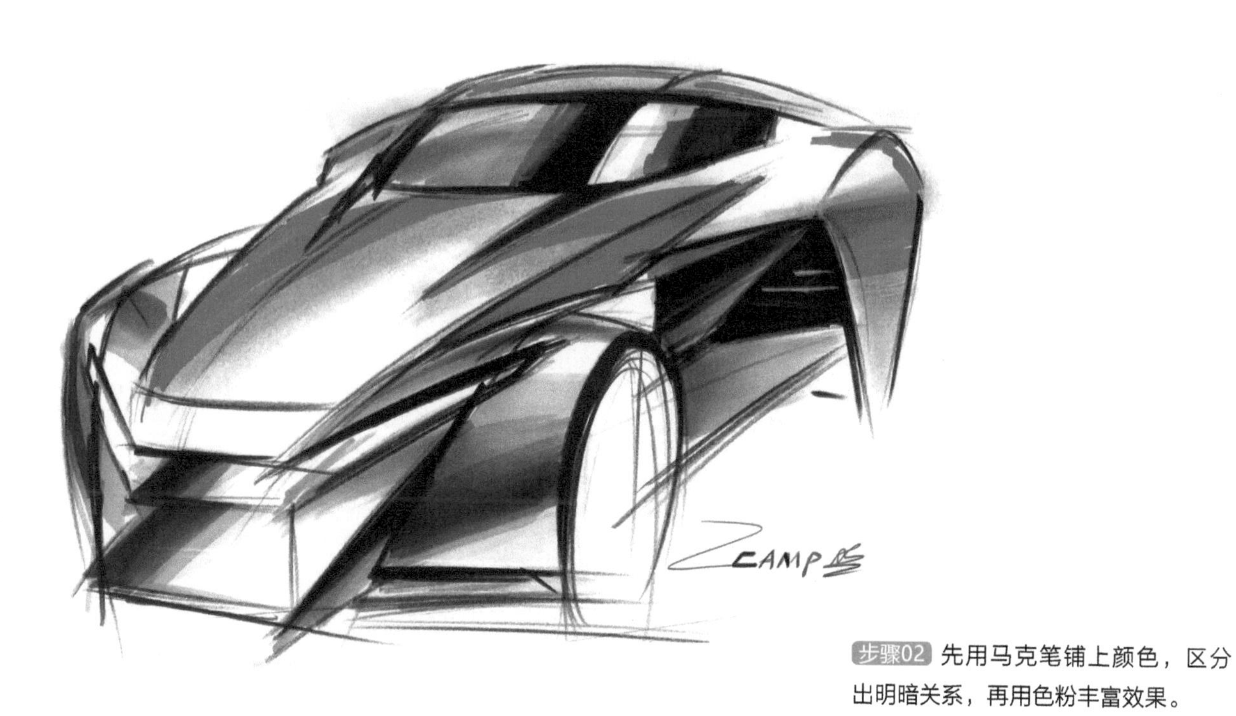

步骤02 先用马克笔铺上颜色，区分出明暗关系，再用色粉丰富效果。

11.7 马克笔与色粉的汽车表现3

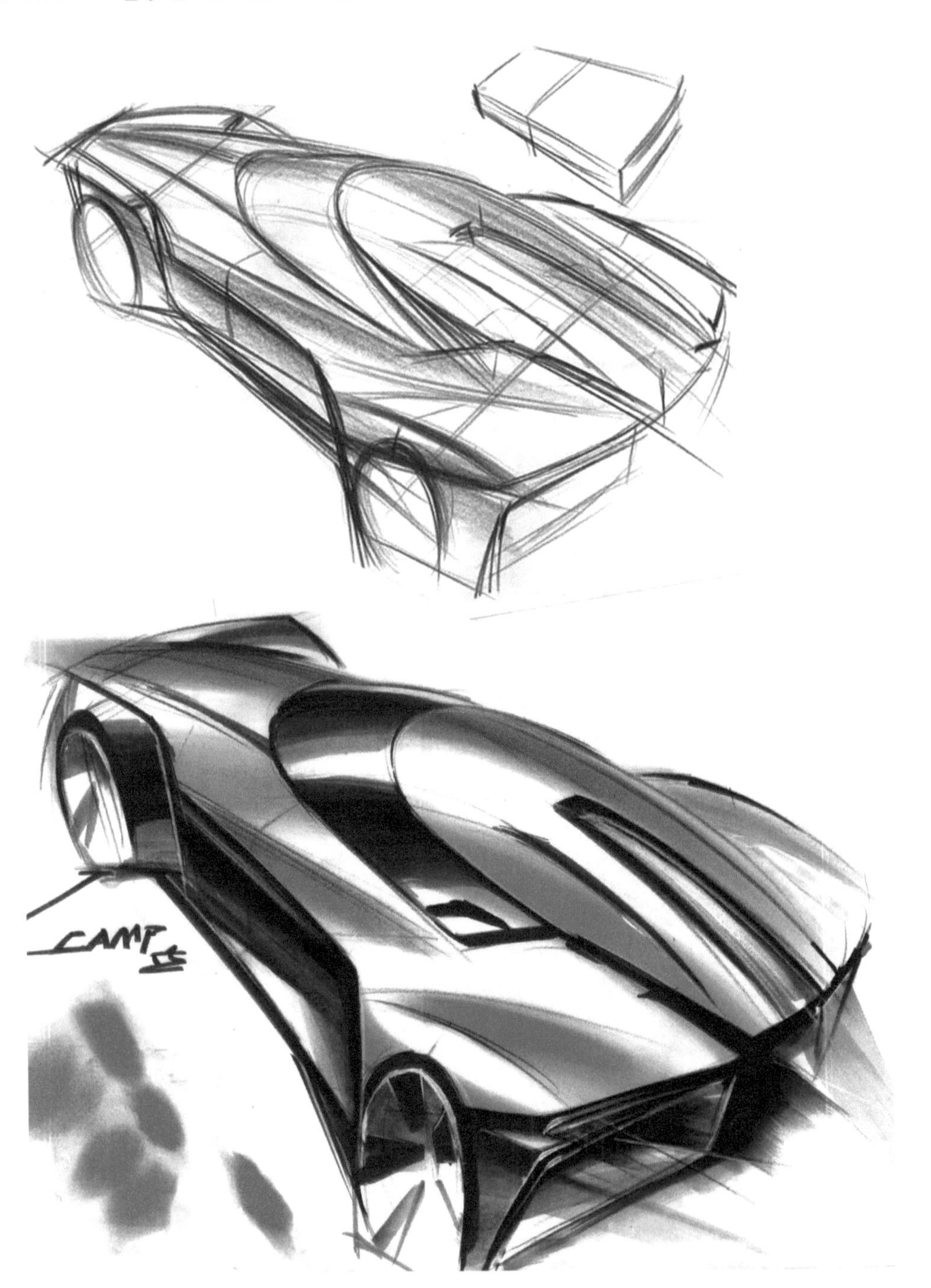

步骤01 根据汽车的透视及比例快速勾勒出车身的形态。

步骤02 先用灰色马克笔表现出暗部，区分出大致的明暗关系，再用色粉根据明暗涂抹，注意对力度的控制。

11.8 数位板汽车渲染

先掌握好汽车的黑白灰关系，再过渡到颜色氛围的渲染。

11.9 SUV概念汽车数位板表现

步骤01 将线稿扫描后导入Photoshop中，给汽车轮子、车窗等填充黑色，以便观察比例关系。

步骤02 填充车体的暗部颜色，并且让车的轮廓区域与环境融合，虚化背景。

步骤03 确定主色调，注明主光源的受光区域。

步骤04 逐步完善车窗、格栅、轮毂等细节，同时丰富曲面的亮部变化。

步骤05 提亮汽车整体的高光，强化其整体的光感和体量感。

第12章

学员作品欣赏

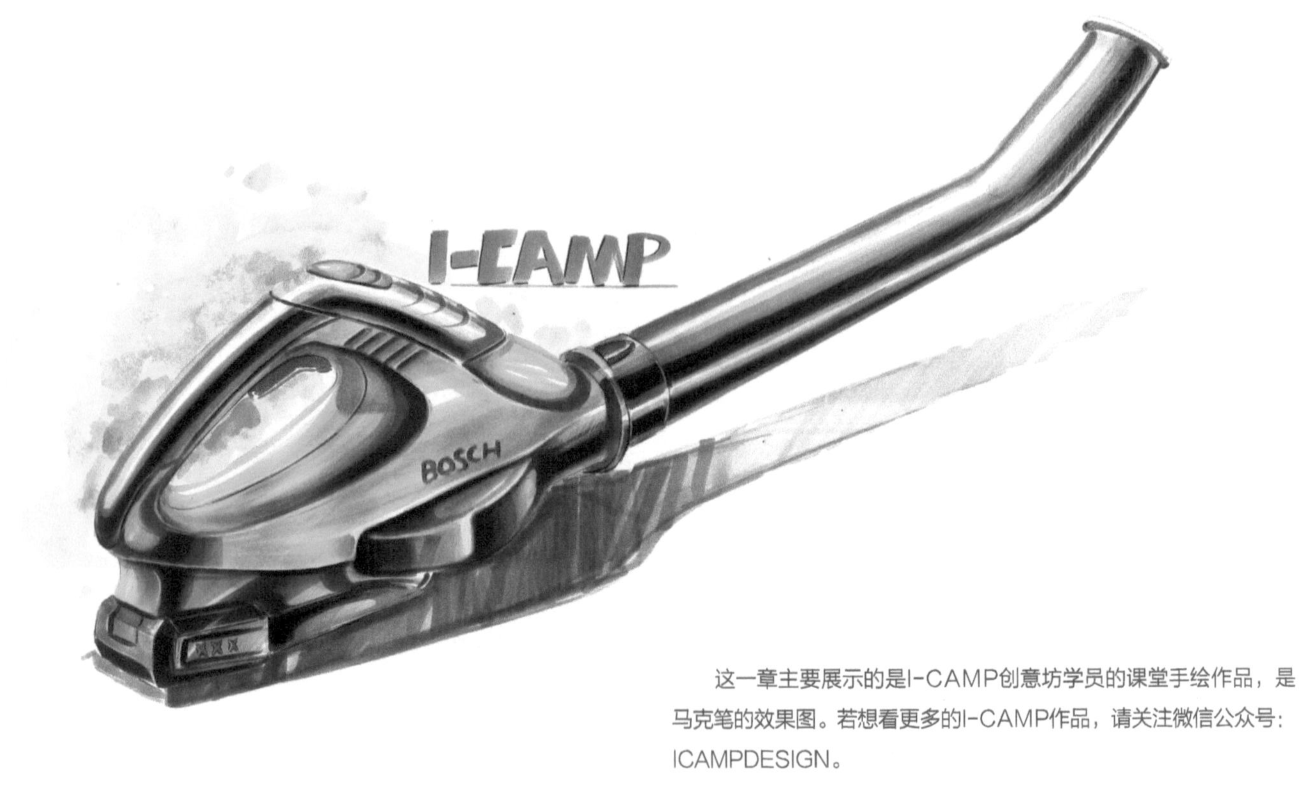

这一章主要展示的是I-CAMP创意坊学员的课堂手绘作品，是马克笔的效果图。若想看更多的I-CAMP作品，请关注微信公众号：ICAMPDESIGN。

俞陈露作品：
骑行头盔设计

陈沁琼作品：
概念游艇设计

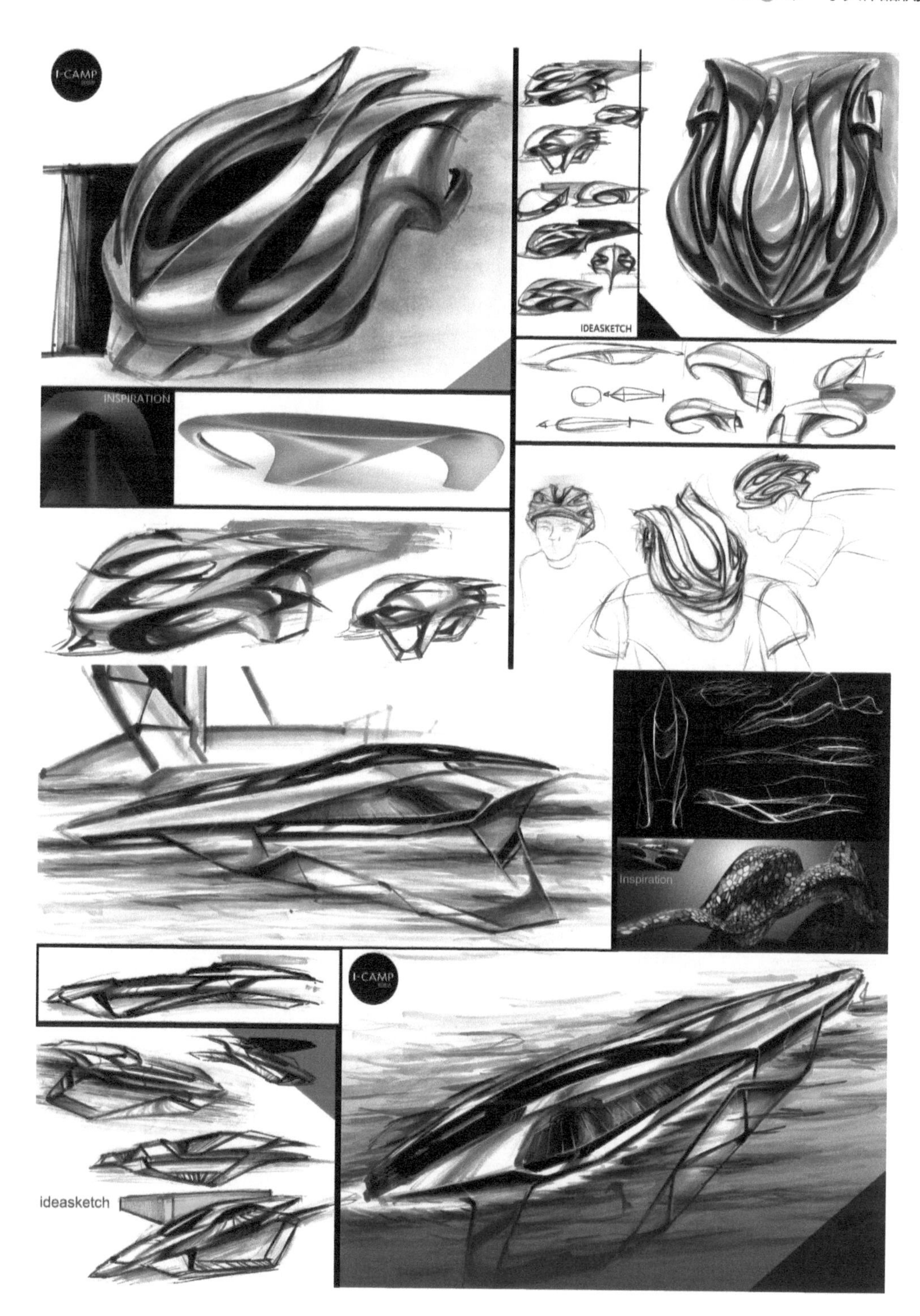

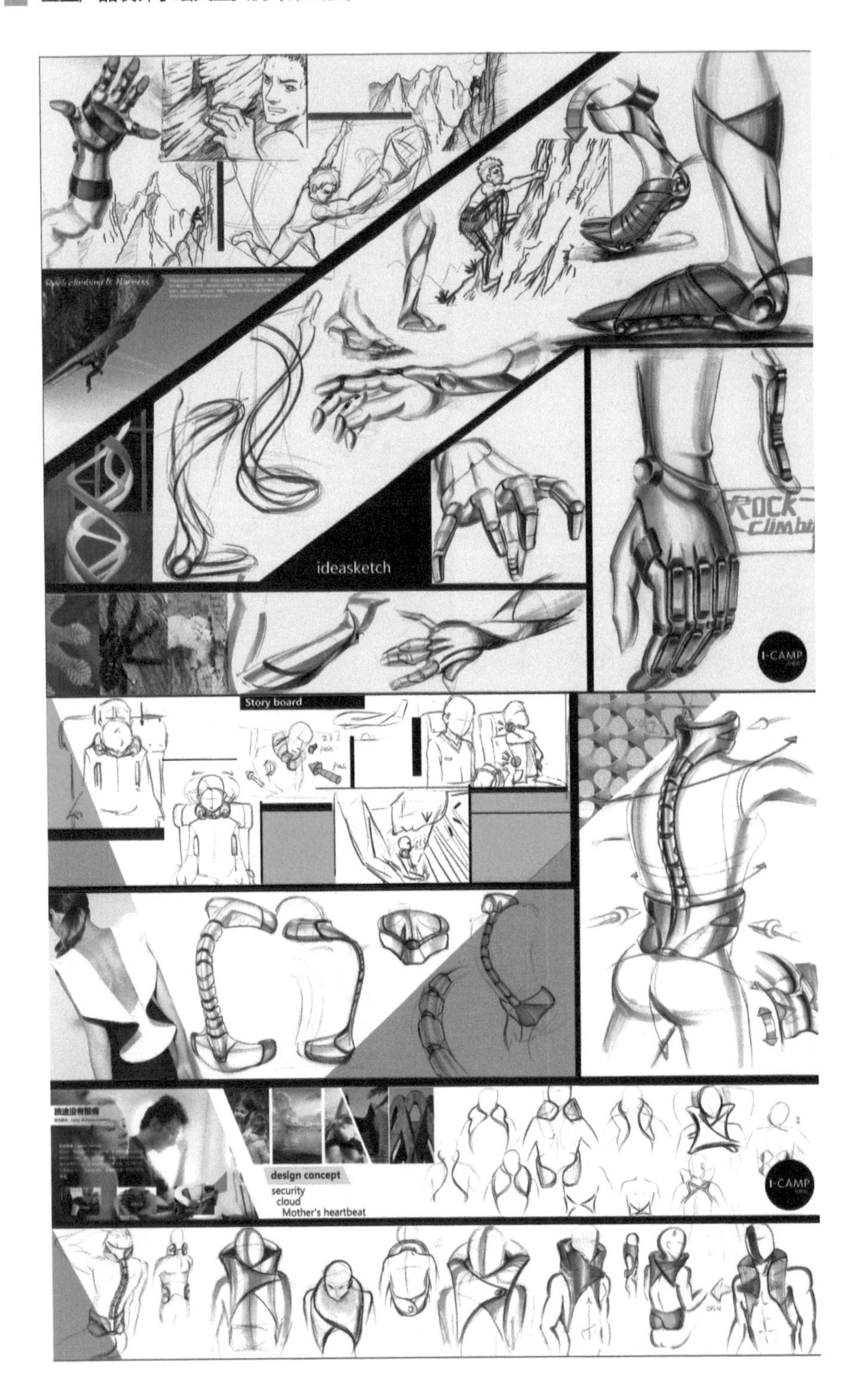

王心怡作品：
登山装备概念设计

陈立务作品：
旅行伴侣概念设计

刘金煜作品：吸尘器设计

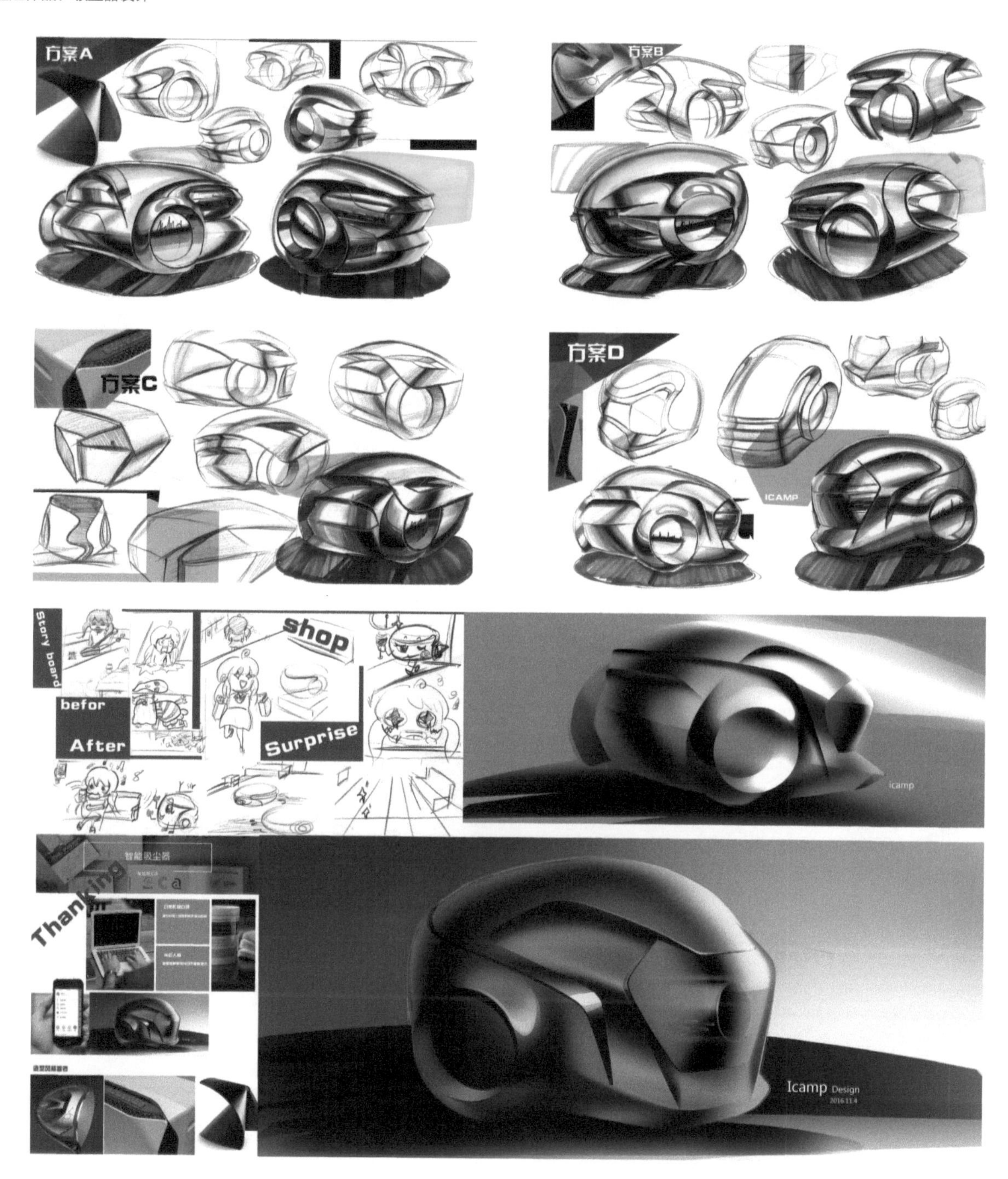
方案A
方案B
方案C
方案D
ICAMP
Story board
shop
befor
After
Surprise
icamp
智能吸尘器
Thanking
Icamp Design
2016.11.4

刘金煜作品：
概念游艇设计

林盛文作品：高尔夫球包

张晓宇作品：高尔夫球包

曾志明作品：吸尘器

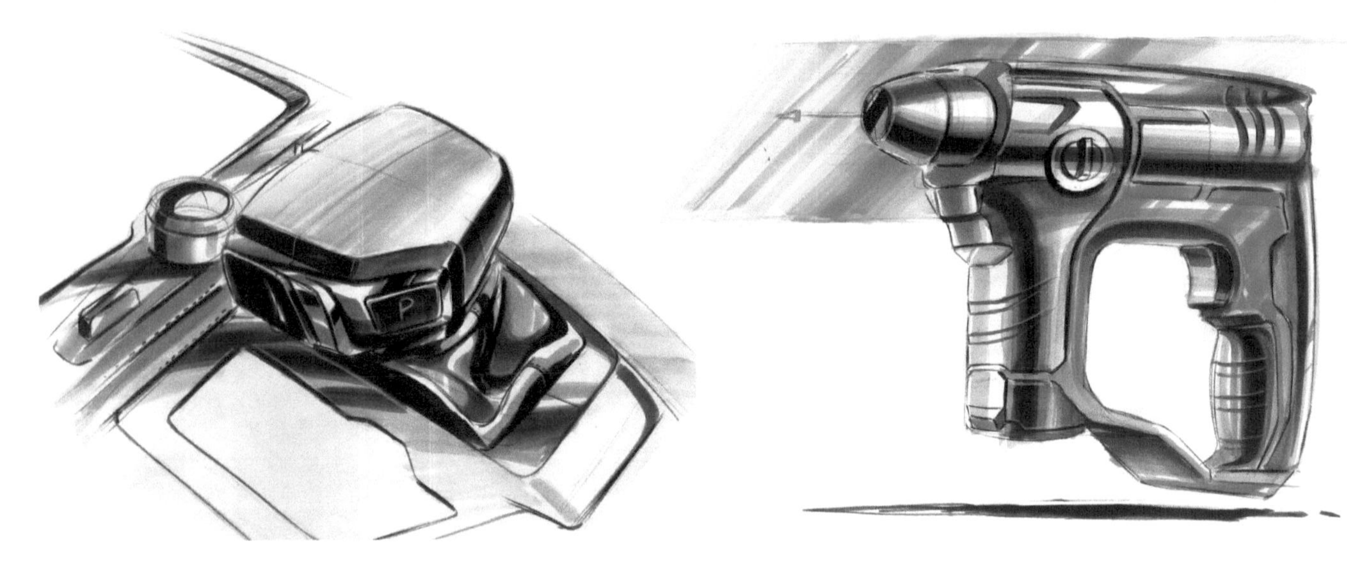

朱信杰作品：汽车内饰

王泓娇作品：电动螺丝刀

王泓娇作品：汽车内饰

林晓鹏作品：渔具

宁菁作品：电锯

潘晓欣作品：鼓风机

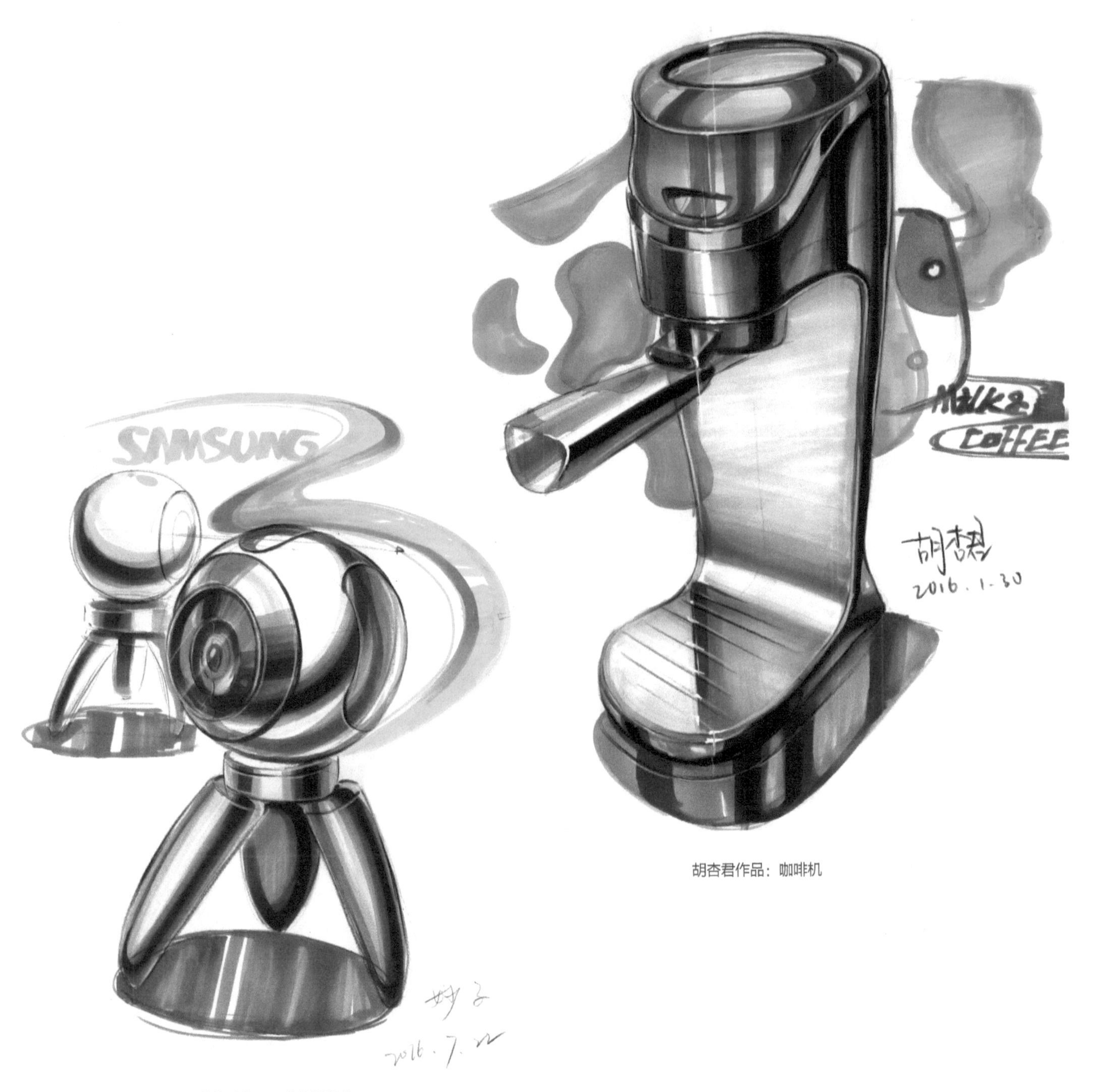

胡杏君作品：咖啡机

黄妙纯作品：监控摄像头

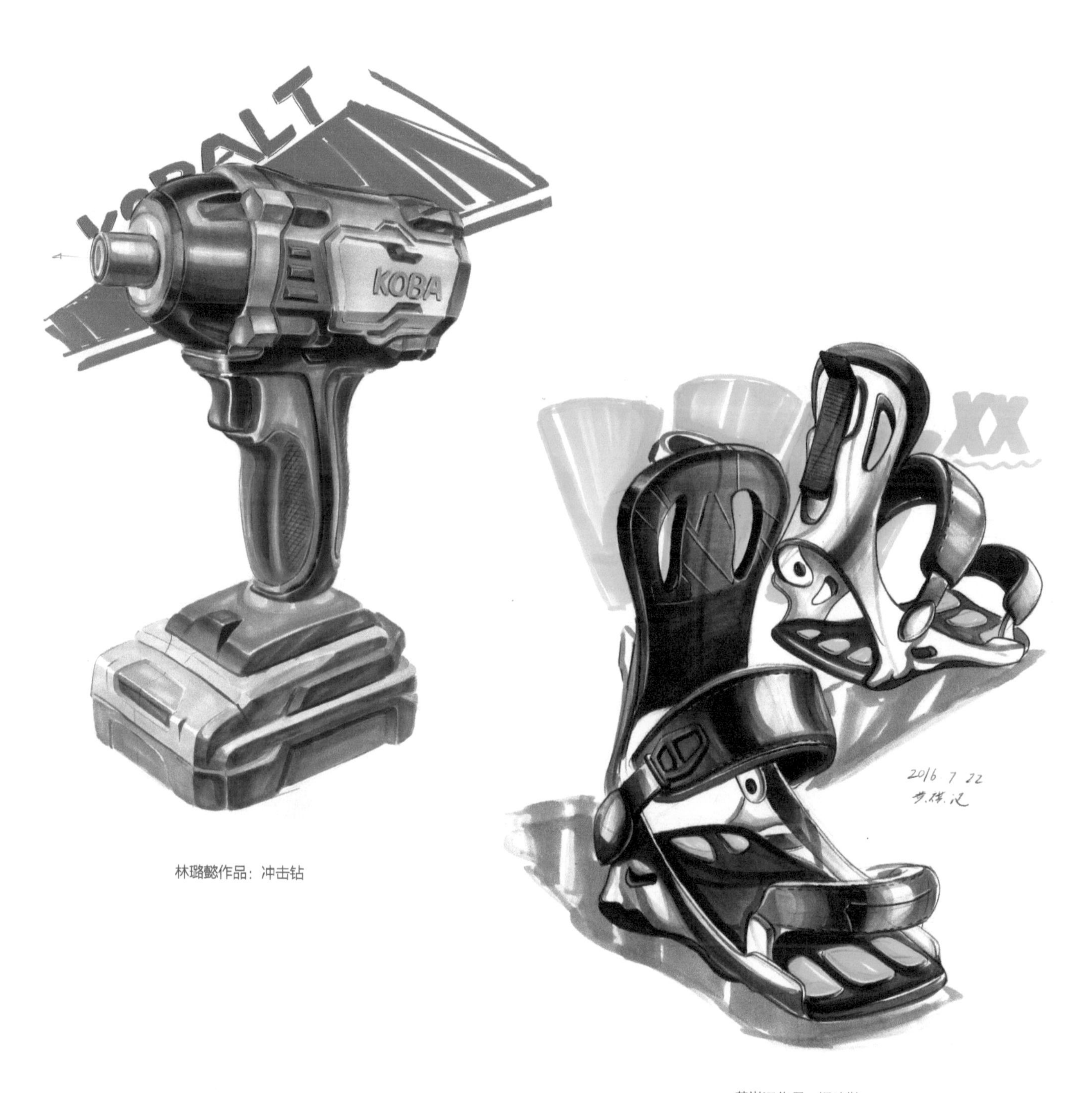

林璐懿作品：冲击钻

黄祺汉作品：滑冰鞋

肖宏晓作品：手套

刘付敏婕作品：手套

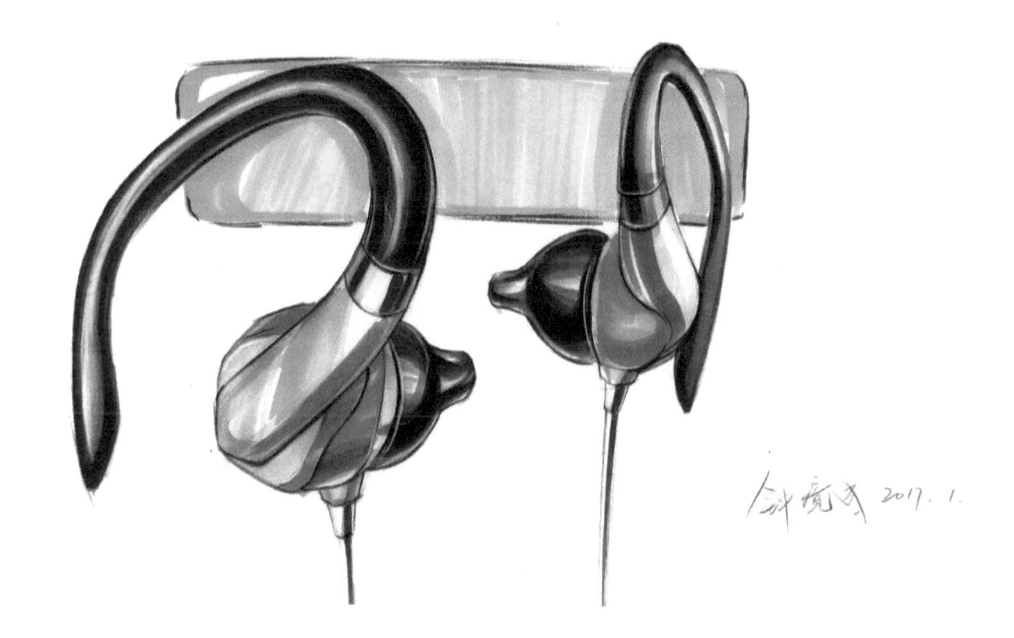

钟境成作品：入耳式耳机

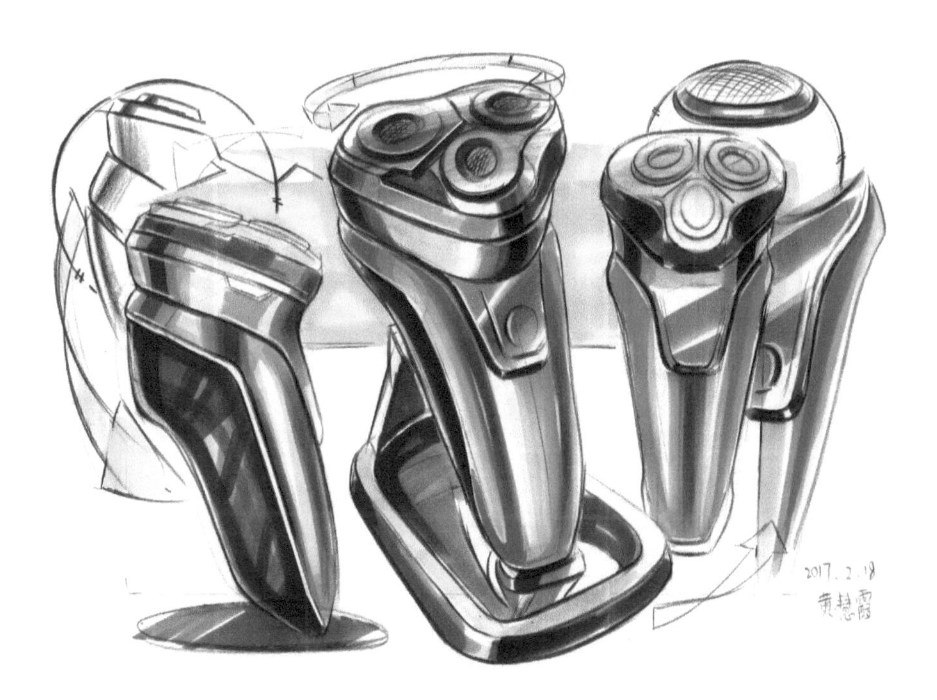

黄慧霞作品：剃须刀

林泽锐作品：方向盘

陈宇钊作品：草坪修剪机

刘付敏婕作品：骑行头盔

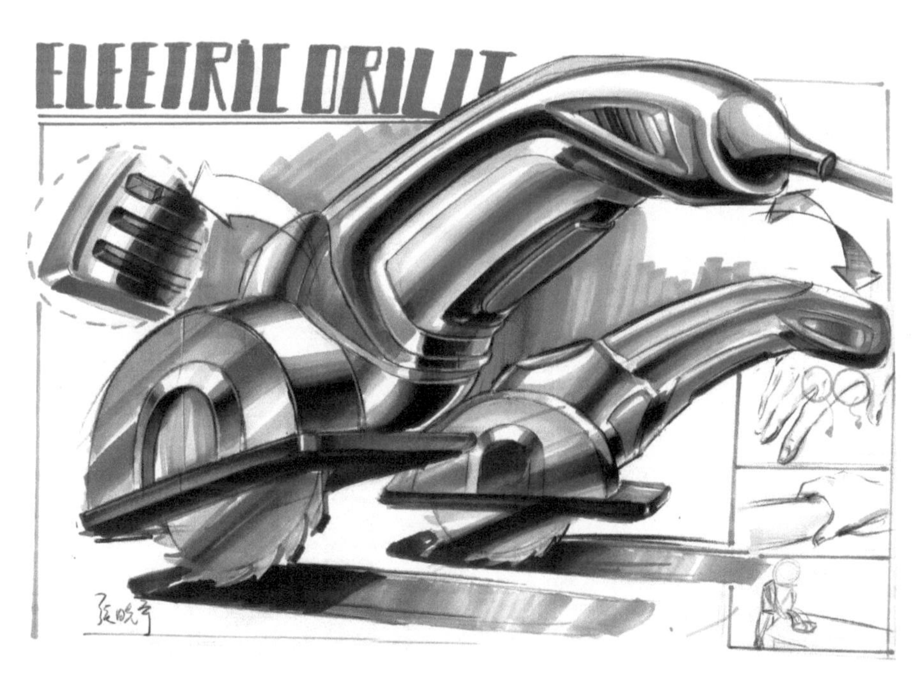

张晓宇作品：切割机

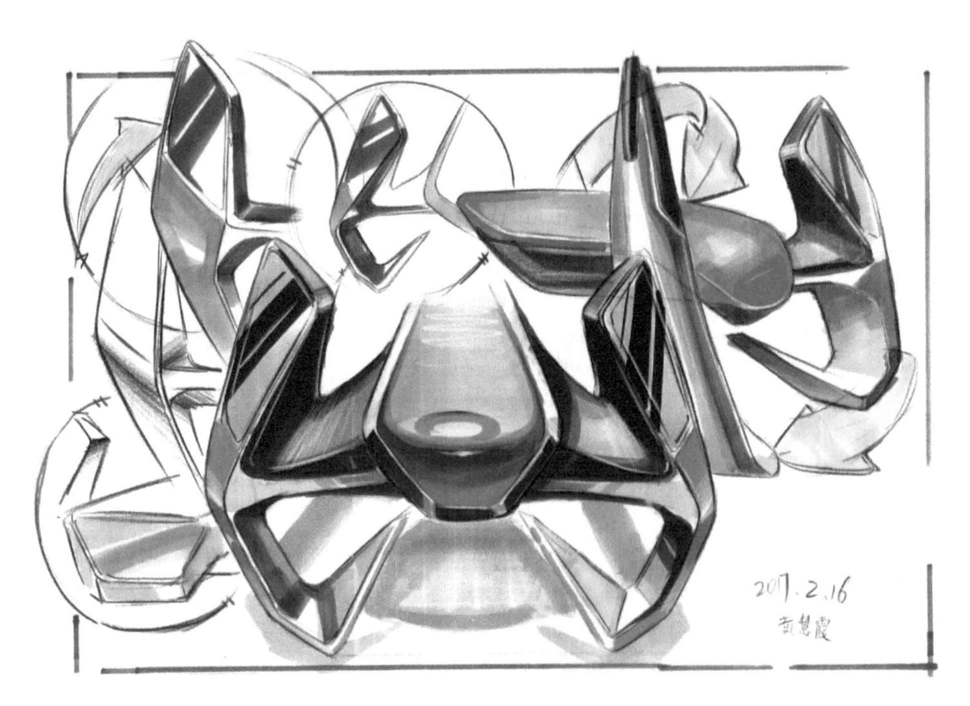

黄慧霞作品：方向盘

黄彦曦作品：方向盘